Evaluación de Bachillerato:

Química
(Parte 1)

MARIA DEL CARMEN

DEL CACHO VICENTE

Primera edición: Abril 2023
ISBN: 9798390081808

Editorial Rincón del Lector.
www.editorialrincondellector.com
info@editorialrincondellector.com

Evaluación de Bachillerato:

Química (Parte 1)

MARIA DEL CARMEN

DEL CACHO VICENTE

Rincón del Lector
EDITORIAL BY MADS

Prólogo

Cuando me planteé empezar a dar clases me di cuenta de que la mayor parte de los alumnos están convencidos de que la química es una materia tremendamente difícil e incomprensible. No habían llegado a comprender los conceptos fundamentales y no sabían plantear o resolver los problemas que se les planteaban. Muchas veces, el problema era que no contaban con el apoyo adecuado ni tenían un plan de estudio sistemático y de resultados comprobados. Trataban de aprender la teoría de memoria y se veían perdidos al no entender cómo aplicarla a la resolución de problemas.

La química, al igual que el resto de las disciplinas científicas, requieren que el alumno aprenda la teoría, ¡por supuesto! Pero, si solo nos quedamos en la teoría, el alumno nunca será capaz de aplicar los conceptos aprendidos ni resolver un problema. Es por ello por lo que en el presente libro planteo no solo la teoría, sino que hago hincapié en cómo aplicar dicha teoría a la resolución de problemas. Aprendiendo a aplicar la teoría, el alumno gana confianza día tras día, lo que le permite enfrentarse con mayor tranquilidad al temido Examen de Evaluación de Bachillerato. Un examen cuya nota limita a los alumnos a perseguir la carrera de sus sueños y, por lo tanto, su futuro.

El presente libro abarca los primeros temas que el alumno debe rendir en el examen de Evaluación de Bachillerato relacionados con el estudio de la estructura atómica, la clasificación periódica de los elementos, el enlace químico y las propiedades de las sustancias. Estos temas abarcan 1-2 preguntas del examen. Los restantes libros de esta serie incluyen otros temas importantes, tales como la termoquímica y las transformaciones energéticas en la química, el equilibrio químico, la cinética química, las reacciones ácido – base, las reacciones redox, la electroquímica y la química del carbono. En conjunto, esta serie de libros permite al alumno dominar la totalidad del temario exigido para el examen de Evaluación de Bachillerato.

El libro incluye una breve reseña de la teoría necesaria para la realización de los diversos problemas, varios ejemplos de problemas resueltos y ejercicios adicionales con los que el alumno puede practicar los conceptos aprendidos. Nótese que tanto los ejercicios resueltos como los ejercicios propuestos para realizar por el alumno se han tomado de exámenes anteriores de química ya sea en su modalidad de Selectividad o de Evaluación de Bachillerato, por lo que reflejan el tipo de ejercicios a los que el alumno se enfrentará en la realización de la prueba.

Como se puede apreciar, en los ejercicios resueltos se muestra una solución detallada de los mismos. De cara a realizar el examen, es importante que el alumno se ejercite en la resolución de los ejercicios con un nivel similar de detalle para garantizar, de este modo, la puntuación máxima del mismo.

Conceptos fundamentales de la química

La química es una ciencia que se encarga del estudio de la composición, estructura, propiedades y transformaciones de la materia, ya sea en su forma pura o combinada, tanto a nivel molecular como atómico. Se trata de una disciplina fundamental que se aplica en diversas áreas del conocimiento, como la industria, la medicina, la alimentación, la energía, la agricultura, entre otras. El objetivo principal de la química es entender y controlar las propiedades de las sustancias para, de esta forma, desarrollar nuevos materiales y procesos o mejorar los ya existentes con el fin de satisfacer las necesidades humanas de manera más eficiente y sostenible.

Siendo una disciplina tan amplia, la química puede dividirse en diversas ramas, entre las que destacan la química física, la química inorgánica, la química orgánica, la química analítica y la bioquímica.

La química física es una rama de la química que se enfoca en el estudio de los procesos químicos y sus fundamentos físicos. Esta disciplina investiga los principios y leyes de la física que rigen las transformaciones químicas, así como también la relación entre la estructura molecular y las propiedades físicas y químicas de los compuestos. La química física emplea herramientas y técnicas de la física para entender la naturaleza de los fenómenos químicos y busca explicar los mecanismos y energías involucrados en las reacciones químicas. Es, por lo tanto, una herramienta fundamental para el diseño de nuevos materiales, la síntesis de compuestos y la solución de problemas en áreas como la biotecnología, la nanotecnología y la energía.

La química inorgánica es la rama de la química que estudia los elementos, compuestos y sustancias inorgánicas; es decir, aquellos que no contienen carbono y/o que no se consideran parte de organismos o sistemas biológicos. Abarca diversos temas como el estudio de los elementos y sus propiedades, la reactividad y la formación de enlaces químicos, la síntesis y las propiedades de los compuestos inorgánicos, los procesos de transformación y las reacciones químicas y los fenómenos físico-químicos asociados a diversas sustancias inorgánicas. La química inorgánica tiene importantes aplicaciones en las industrias química, farmacéutica y de materiales, entre otras, así como también en otras áreas de la ciencia, como la física, la geología o la biología.

La química orgánica es una rama de la química que se enfoca en el estudio de los compuestos orgánicos; es decir, aquellos que contienen carbono e hidrógeno en su estructura molecular y que pueden contener otros elementos como oxígeno, nitrógeno, azufre o fósforo. La química orgánica se centra en la comprensión de la estructura, propiedades, síntesis y reacciones de estos compuestos fundamentales para la vida, así como de las múltiples aplicaciones que estos compuestos tienen en la industria y la tecnología como la producción de medicamentos, materiales poliméricos y combustibles, entre otros. La química orgánica se ha desarrollado enormemente desde su inicio en el siglo XIX y hoy en día es una disciplina fundamental para la investigación en diversas áreas de la ciencia, incluyendo la biología, la medicina, la ingeniería y la nanotecnología.

La química analítica es una rama de la química que se enfoca en el estudio de la composición química y las propiedades de las sustancias. Su objetivo principal es el desarrollo y aplicación de métodos y técnicas analíticas para determinar la composición química y las propiedades de una amplia gama de materiales. Se divide en dos grandes áreas: la química analítica cualitativa y la química analítica cuantitativa. La primera se enfoca en la identificación de los componentes de una muestra, mientras que la segunda se enfoca en la determinación de la cantidad de cada uno de esos componentes. Para ello, usan métodos y técnicas analíticas como la espectroscopía, la cromatografía, la electroquímica, las valoraciones o titulaciones y la microscopía. Estas técnicas se utilizan en una amplia gama de áreas, incluyendo la medicina, la agricultura, la industria alimentaria, la industria farmacéutica y la industria química.

Por último, la bioquímica es la rama que se enfoca en el estudio de los procesos químicos que ocurren en los organismos vivos. La bioquímica se ocupa del estudio de la estructura, función y metabolismo de las biomoléculas, tales como proteínas, ácidos nucleicos, carbohidratos y lípidos y cómo estas moléculas interactúan entre sí y con el ambiente para llevar a cabo los procesos bioquímicos que sustentan la vida. La bioquímica es fundamental para la comprensión de procesos biológicos como la síntesis y degradación de nutrientes, la generación y utilización de energía, el funcionamiento del sistema inmunológico, la regulación del desarrollo celular, el crecimiento, la síntesis y secreción de hormonas y neurotransmisores, entre otros. Además, la bioquímica es esencial para el diseño de medicamentos y terapias para tratar enfermedades y el estudio y la comprensión del impacto que dichos medicamentos y terapias tienen sobre la salud.

La materia y sus propiedades

La materia es todo aquello que ocupa un lugar en el espacio y que tiene masa. Todo lo que podemos ver, tocar, sentir, oler y saborear está hecho de materia. Esta puede presentarse en distintos estados físicos, siendo los más habituales el estado sólido, líquido y gaseoso. La materia puede cambiar su estado en otro mediante cambios de temperatura o presión.

Las propiedades de la materia son las características que la definen y que, al definirla, permiten su identificación y clasificación. Las propiedades más importantes de la materia serían:

- Su masa, o la cantidad de materia que tiene un objeto
- Su volumen, o el espacio que ocupa dicha materia
- Su densidad, o la relación entre su masa y su volumen y que nos da una idea de la cantidad de materia que hay en un determinado volumen
- Su temperatura, la cual es una medida de la energía cinética de las partículas que componen la materia
- Su conductividad, o su capacidad para transmitir ya sea el calor o la electricidad
- Su solubilidad, o su capacidad para disolverse en otro material
- Su punto de fusión, o la temperatura a la cual la materia pasa del estado sólido al estado líquido
- Su punto de ebullición, o la temperatura a la cual la materia pasa del estado líquido al estado gaseoso

Como hemos mencionado, estas propiedades definen la materia. Esto significa que, de cambiar alguna de ellas, tendremos la certeza de encontrarnos ante un material diverso al que teníamos inicialmente. Es, precisamente, este cambio de las propiedades, el que permite a los químicos seguir los procesos y transformaciones que ocurren durante una reacción química. Como veremos en los siguientes temas, estas propiedades dependen de dos factores fundamentales: el tipo de elementos

13

que componen la materia; es decir, los átomos o moléculas que la conforman y el tipo de interacciones o enlaces entre dichos componentes.

La estructura atómica

A lo largo de la historia, se han propuesto varias teorías atómicas para explicar la estructura y el comportamiento de los átomos. A continuación, se describen brevemente algunas de las teorías atómicas más importantes:

En el siglo V a.C., el filósofo griego Demócrito propuso que la materia estaba compuesta por partículas indivisibles llamadas átomos. Según esta teoría, los átomos son indestructibles y eternos. Difieren entre sí en su forma, tamaño y posición en el espacio.

En 1808, el químico británico John Dalton propuso que la materia está compuesta por átomos indivisibles y que cada elemento químico está formado por átomos del mismo tipo. Según la teoría de Dalton, los átomos se combinan en proporciones definidas para formar los distintos compuestos químicos.

En 1897, el físico británico J.J. Thomson descubrió la primera partícula subatómica, el electrón, y propuso un modelo atómico en el que los electrones están incrustados en una esfera de carga positiva.

En 1911, el físico neozelandés Ernest Rutherford realizó un experimento en el que bombardeó láminas de oro con partículas alfa, descubriendo que la mayoría de dichas partículas pasaban a través de la lámina sin desviarse, pero algunas se desviaban en un gran ángulo. A partir de estos resultados, Rutherford propuso que la mayor parte de la masa del átomo se concentra en un núcleo pequeño y denso y que los electrones orbitan alrededor del mismo.

Dos años más tarde, el físico danés Niels Bohr propuso que los electrones orbitan alrededor del núcleo en niveles cuya energía está cuantizada. Según su modelo, los electrones pueden saltar de un nivel de energía a otro y, cuando lo hacen, liberan o absorben una cantidad de energía equivalente a la diferencia de energía entre los niveles inicial y final en forma de fotones.

La ecuación de Planck relaciona la energía de un fotón con su frecuencia. Es una de las ecuaciones fundamentales de la física cuántica y fue propuesta por el físico alemán Max Planck en 1900. La ecuación se expresa como:

$$E = h*\nu$$

Donde E es la energía del fotón, medida en julios (J), h es la constante de Planck, que tiene un valor de 6.626 x 10^{-34} J*s y ν (nu) es la frecuencia del fotón, medida en Hertz (Hz), siendo 1 Hz equivalente a la inversa de 1 s.

Esta ecuación indica que la energía de un fotón es proporcional a su frecuencia. Esto significa que los fotones con frecuencias más altas tienen más energía que los fotones con frecuencias más bajas. La ecuación de Planck es esencial para comprender el comportamiento de la luz y otros tipos de radiación electromagnética en la física cuántica.

El espectro de radiación es la distribución de la radiación electromagnética emitida o absorbida por una sustancia. La radiación electromagnética incluye ondas de diferentes longitudes de onda y frecuencias, como la luz visible, los rayos X y las ondas de radio.

El espectro de radiación puede ser continuo o discreto. Un espectro continuo muestra una distribución de intensidades de radiación en todas las longitudes de onda, mientras que un espectro discreto muestra líneas de radiación específicas a ciertas longitudes de onda.

El espectro de radiación también puede ser utilizado para identificar las sustancias presentes en una muestra. Cada sustancia emite o absorbe radiación en patrones característicos que pueden ser identificados mediante el análisis del espectro. Por ejemplo, la espectroscopia de absorción atómica es una técnica analítica común que se utiliza para medir la concentración de metales en soluciones. Esta técnica se basa en la absorción de radiación electromagnética por los átomos del metal presente en la muestra.

La fórmula de Rydberg es una ecuación matemática que describe las líneas espectrales del hidrógeno y otros átomos en términos de sus longitudes de onda. Fue descubierta por el físico sueco Johannes Rydberg en 1890.

La fórmula de Rydberg se escribe como:

$$\frac{1}{\lambda} = R_H * \left(\frac{1}{n_1^2} - \frac{1}{n_2^2} \right)$$

Donde λ es la longitud de onda de la línea espectral, R_H es la constante de Rydberg, que tiene un valor de 1.097×10^7 m^{-1} y n_1 y n_2 son los números cuánticos principales de los niveles de energía de los electrones del átomo.

La fórmula de Rydberg se utiliza para calcular las longitudes de onda de las líneas espectrales del hidrógeno y otros átomos. Los números cuánticos n_1 y n_2 se refieren a los niveles de energía de los electrones del átomo, donde n_1 es el nivel de energía inicial y n_2 es el nivel de energía final. La fórmula de Rydberg se utiliza para calcular la energía de los electrones que emiten o absorben fotones de luz, lo que a su vez produce las líneas espectrales observadas en los espectros de emisión y absorción de los átomos.

La fórmula de Rydberg es importante en la física y la química, ya que permite la identificación y el análisis de las líneas espectrales de los átomos, lo que a su vez puede proporcionar información sobre las propiedades y estructuras atómicas de los elementos.

El modelo atómico aceptado actualmente se basa en la mecánica cuántica. Dicho modelo difiere de los anteriores en el sentido de que los electrones ya no se comportan exclusivamente como partículas, sino que además presentan propiedades de onda de acuerdo con el principio de dualidad onda-corpúsculo. Define asimismo los orbitales atómicos como aquellas regiones del espacio en las que hay una mayor probabilidad de encontrar un electrón, la cual se puede calcular a través de la ecuación de Schrödinger: $E \, \Psi = H \, \Psi$, donde E es la energía de un electrón, H es el operador hamiltoniano (una segunda derivada parcial en el espacio) y Ψ es la función de onda que mide la probabilidad de encontrar cada electrón del átomo en un punto determinado del espacio (x,y,z).

Los orbitales atómicos, de acuerdo con dicho modelo, representarían las regiones del espacio donde es posible encontrar a cada electrón dentro del átomo. La siguiente imagen muestra su aspecto tridimensional, donde los orbitales coloreados en rojo corresponden a los orbitales de tipo s, los amarillos a los orbitales p, los verdes a los orbitales d y los rosas a los orbitales f.

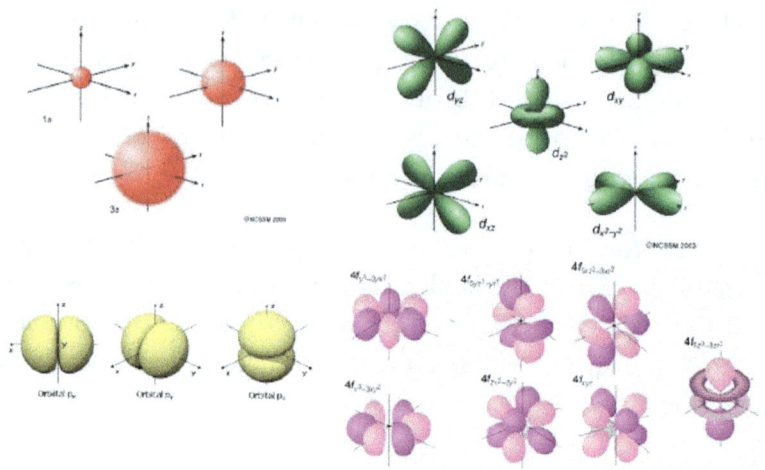

Si bien la solución de la ecuación de onda nos permita evaluar la probabilidad de un electrón en un determinado lugar del espacio, es importante notar que, de acuerdo con el principio de incertidumbre formulado por Heisenberg, no es posible determinar exactamente dicha posición. En este sentido, el principio de incertidumbre de Heisenberg establece que es imposible conocer simultáneamente la posición y el momento lineal (la velocidad y dirección del movimiento) de una partícula subatómica con una precisión arbitraria. En otras palabras, cuanto más precisamente se mida la posición de una partícula, menos precisamente se podrá medir su momento, y viceversa.

Este principio se debe a la naturaleza ondulatoria de las partículas subatómicas, como los electrones, que se describen matemáticamente mediante una función de onda. La medición de la posición de una partícula implica interactuar con ella, lo que perturba la función de onda y cambia el estado de la partícula. De manera similar, la medición del momento de una partícula también requiere interactuar con ella, lo que afecta su posición.

El principio de incertidumbre de Heisenberg implica que la naturaleza subatómica del mundo es intrínsecamente impredecible y que los eventos cuánticos no pueden ser totalmente determinados. Esto ha llevado a la formulación de la teoría cuántica, que ha tenido importantes aplicaciones en la tecnología moderna, como en la creación de dispositivos de semiconductores, la criptografía y la computación cuántica.

El núcleo del átomo aglomera a los protones y los neutrones. Los protones son partículas con carga positiva que se encuentran en el núcleo del átomo. La cantidad de protones en un átomo determina su número atómico, que a su vez define el elemento químico al que pertenece. Por ejemplo, un átomo con 26 protones será siempre un átomo de hierro mientras que uno con 8 protones será siempre un átomo de oxígeno. Podemos encontrar este número atómico como uno de los datos esenciales que nos muestra la tabla periódica, como se muestra en el siguiente diagrama:

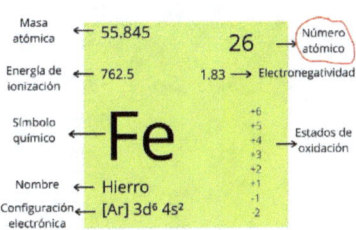

Los neutrones son partículas sin carga eléctrica que se encuentran, junto con los protones, en el núcleo atómico. A diferencia de los protones, la cantidad de neutrones puede variar entre los distintos átomos de un mismo elemento, permitiendo distinguir a los distintos isótopos que lo conforman. El número de neutrones de un isótopo determinado se puede calcular restando el número másico del isótopo menos el número de protones.

19

Entender la estructura atómica es importante para entender la química de los elementos y cómo interactúan entre ellos para formar moléculas y compuestos químicos a través de los denominados enlaces químicos. Para ello, es especialmente interesante saber:

- La estructura electrónica del elemento, la cual depende exclusivamente de la cantidad de electrones de este
- El número de electrones de la capa de valencia o último nivel energético ocupado y el orbital que ocupan dichos electrones.

El diagrama utilizado para estudiar la estructura electrónica de un elemento es el denominado diagrama de Moeller que se muestra en la siguiente imagen:

$$1s^2$$
$$2s^2 \quad 2p^6$$
$$3s^2 \quad 3p^6 \quad 3d^{10}$$
$$4s^2 \quad 4p^6 \quad 4d^{10} \quad 4f^{14}$$
$$5s^2 \quad 5p^6 \quad 5d^{10} \quad 5f^{14}$$
$$6s^2 \quad 6p^6 \quad 6d^{10} \quad 6f^{14}$$
$$7s^2 \quad 7p^6 \quad 7d^{10} \quad 7f^{14}$$

De acuerdo con dicho diagrama, es posible situar los electrones y encontrar la configuración electrónica más estable del átomo en cuestión. Los pasos necesarios para ello son:

1. Identificar el número atómico del elemento en la tabla periódica como indicamos anteriormente
2. Calcular el número de electrones del átomo o ion teniendo en cuenta que el número de electrones coincide con el número atómico en los átomos neutros o con el número de protones más o menos la carga en los iones

20

negativos (aniones) o positivos (cationes), respectivamente.

3. Distribuir los electrones de acuerdo con el diagrama de Moeller, de modo que se siguen las flechas indicadas en dicho diagrama para llenar los distintos orbitales hasta haber colocado todos los electrones.

4. En el caso de los iones, es recomendable calcular primero la configuración electrónica del correspondiente elemento neutro para, posteriormente, añadir o eliminar los electrones necesarios para completar la carga deseada tomando en consideración que siempre es más favorable llegar a una configuración de la capa de valencia o último nivel de gas noble ($s^2 p^6$).

Así, por ejemplo, si tuviéramos que determinar la configuración electrónica del átomo de Fe, los pasos serían:

1. Al buscar el hierro en la tabla periódica, vemos que tiene un número atómico de 26

2. Como el átomo de hierro es un átomo neutro, debe tener 26 electrones

3. Si seguimos las flechas del diagrama de Moeller hasta completar 26 electrones, llegamos a:

   a) Colocamos 2 electrones en el orbital 1s
   b) Colocamos 2 electrones en el orbital 2s
   c) Colocamos 6 electrones en el orbital 2p
   d) Colocamos 2 electrones en el orbital 3s
   e) Colocamos 6 electrones en el orbital 3p
   f) Colocamos 2 electrones en el orbital 4s
   g) Colocamos 6 electrones en el orbital 3d

Entonces, la configuración electrónica del átomo de hierro sería $1s^2\ 2s^2\ 2p^6\ 3s^2\ 3p^6\ 4s^2\ 3d^6$.

Si, en lugar del átomo de hierro, estuviéramos interesados en la configuración electrónica del Fe^{3+}, una vez que hemos establecido la configuración del hierro neutro como $1s^2$ $2s^2$ $2p^6$ $3s^2$ $3p^6$ $4s^2$ $3d^6$, deberíamos eliminar un total de 3 electrones. Para ello, eliminarnos los dos electrones del orbital 4s pues, si bien tienen una energía ligeramente inferior a los del orbital 3d se encuentran más accesibles al estar en el nivel 4. Además, eliminaríamos uno de los electrones del orbital 3d, llegando a que la configuración del Fe^{3+} es $1s^2$ $2s^2$ $2p^6$ $3s^2$ $3p^6$ $3d^5$.

Es importante notar que, a la hora de establecer la configuración electrónica de un elemento dado no podemos tener dos electrones que ocupen la misma posición para respetar el principio de exclusión de Pauli. De acuerdo con dicho principio, no puede haber dos electrones del mismo átomo que presenten exactamente la misma combinación de números cuánticos, siendo estos los números enteros o fraccionarios que se utilizan para describir la energía, la posición y el momento angular de los electrones en un átomo. Los cuatro números cuánticos principales son:

- Número cuántico principal (n): indica el nivel de energía del electrón en el átomo. Los valores de n van de 1 a infinito.

- Número cuántico secundario o azimutal (l): indica el momento angular del electrón y por lo tanto, la forma de la nube electrónica. Los valores de l van desde 0 hasta n-1.

- Número cuántico magnético (m): indica la orientación del momento angular del electrón en el espacio. Los valores de m van desde -l hasta +l.

- Número cuántico de espín (s): indica la dirección del espín del electrón. Los valores de s son +1/2 y -1/2.

En resumen, los números cuánticos de los electrones describen su nivel de energía, la forma de su nube electrónica, su orientación en el espacio y la dirección de su espín. Estos números cuánticos son esenciales para comprender la estructura atómica y las propiedades químicas de los elementos.

Saber calcular la configuración electrónica de un átomo es esencial para poder determinar las propiedades de dicho átomo como el tipo de enlaces a los que puede dar lugar y, por lo tanto, las propiedades de los compuestos resultantes.

De este modo, podemos:

- Saber si el átomo es un gas noble cuando su configuración de la capa de valencia termina como ns2 np6 donde n representa el nivel electrónico más alto en función del número total de electrones del átomo. Estos gases nobles, al ser estables desde un punto de vista químico, no forman ningún tipo de enlace, por lo que siempre los encontraremos como átomos sueltos en el medio.

- Saber si el átomo es un no metal y que tienda a formar aniones al captar electrones del medio en un intento para alcanzar una configuración más estable, equivalente a la que tendría un gas noble. Los no metales pueden participar en la formación de enlaces covalentes si se unen a otro átomo no metálico e iónicos si se une a otro átomo metálico.

- Saber si el átomo es un metal y que tienda a formar cationes al liberar los electrones sobrantes al medio para adquirir una configuración electrónica más estable. Como mencionamos en el caso anterior, un átomo metálico puede formar un enlace iónico al unirse con otro átomo no metálico. Además, puede formar un enlace metálico si se une a otro átomo metálico.

Los orbitales híbridos y los orbitales moleculares

La hibridación es un proceso mediante el cual los orbitales atómicos se combinan para formar orbitales híbridos que tienen características diferentes de los orbitales originales. La hibridación es importante para explicar la geometría molecular y las propiedades de los compuestos químicos.

La hibridación se produce cuando los electrones de valencia en los átomos interactúan entre sí y forman nuevos orbitales híbridos. Los orbitales híbridos tienen diferentes formas y energías que los orbitales atómicos originales, lo que les permite formar enlaces químicos de manera diferente. Por ejemplo, los orbitales híbridos sp3 tienen una forma tetraédrica y se utilizan para explicar la geometría molecular de los compuestos orgánicos como el metano.

Existen varios tipos de hibridación, incluyendo la hibridación sp, sp^2, sp^3 y dsp^3, entre otras. La hibridación es un concepto importante en la química orgánica e inorgánica, y se utiliza para explicar la estructura y reactividad de los compuestos químicos.

La teoría de repulsión de los electrones de la capa de valencia, también conocida como teoría VSEPR (siglas en inglés de Valence Shell Electron Pair Repulsion), es una teoría que se utiliza para predecir la geometría molecular de los compuestos químicos.

Según la teoría VSEPR, los pares de electrones en la capa de valencia de un átomo se repelen entre sí y tratan de alejarse lo más posible. Como resultado, la geometría molecular de un compuesto está determinada por la disposición espacial de los pares de electrones en la capa de valencia del átomo central.

La teoría VSEPR se basa en la premisa de que los pares de electrones de valencia se distribuyen alrededor del átomo central en lugares geométricamente iguales, y que los pares de electrones ejercen una repulsión mutua que tiende a minimizar la energía potencial del sistema.

La teoría VSEPR se utiliza ampliamente en la química para predecir la geometría molecular de los compuestos, lo que a su vez puede ayudar a explicar sus propiedades físicas y químicas. Por ejemplo, la teoría VSEPR puede utilizarse para predecir la forma de una molécula de agua, que tiene una geometría molecular tetraédrica debido a la repulsión entre los dos pares de electrones no enlazantes en el átomo de oxígeno.

Para saber el tipo de hibridación de un átomo y la resultante geometría debemos seguir los siguientes pasos:

- Dibujar la estructura de Lewis para determinar el número de enlaces y el número de pares de electrones libres del átomo central
- Sumar el número de enlaces y el número de pares de electrones libres del átomo central para saber el número total de orbitales necesarios
- Establecer la configuración geométrica básica de los orbitales del átomo central en base a dicha información
- Establecer la geometría tridimensional de los enlaces de dicho elemento en función de cuántos orbitales de utilicen en la formación de estos.

La siguiente tabla resume los principales tipos de hibridación y las geometrías resultantes en función de los pasos anteriores.

Número de enlaces	Pares de electrones libres	Orbitales	Hibridación	Geometría de los orbitales	Geometría de los enlaces
2	0	2	sp	Lineal	Lineal
2	1	3	sp^2	Triangular	Angular
3	0	3	sp^2	Triangular	Triangular
2	2	4	sp^3	Tetraédrica	Angular
3	1	4	sp^3	Tetraédrica	Pirámide triangular
4	0	4	sp^3	Tetraédrica	Tetraédrica
3	2	5	sp^3d	Bipirámide trigonal	Triangular
4	1	5	sp^3d	Bipirámide trigonal	Cuadrangular
5	0	5	sp^3d	Bipirámide trigonal	Bipirámide trigonal
4	2	6	sp^3d^2	Octaédrica	Cuadrangular
5	1	6	sp^3d^2	Octaédrica	Pirámide cuadrangular
6	0	6	sp^3d^2	octaédrica	Octaédrica

La clasificación periódica de los elementos

La clasificación periódica de los elementos es un ordenamiento de los elementos químicos en forma de tabla, en la que se distribuyen en filas y columnas de acuerdo con su número atómico, configuración electrónica y propiedades químicas. Esta tabla es una herramienta importante para entender las propiedades y el comportamiento de los elementos.

La tabla periódica, como se muestra en la siguiente imagen, consta de 118 elementos, cada uno con un número atómico único y una configuración electrónica específica. Los elementos se organizan en siete filas horizontales llamadas periodos y 18 columnas verticales llamadas grupos o familias.

Los elementos en una misma fila tienen el mismo número de capas electrónicas, mientras que los elementos en la misma columna tienen configuraciones electrónicas similares y exhiben propiedades químicas similares.

La tabla periódica se divide en cuatro bloques: el bloque s, el bloque p, el bloque d y el bloque f. Los elementos del bloque s están en las dos primeras columnas, los elementos del bloque p están en las seis columnas centrales, los elementos del bloque d están en las diez columnas siguientes y los elementos del bloque f se encuentran debajo de la tabla periódica principal.

La clasificación periódica de los elementos es útil para predecir la reactividad química de los elementos, identificar las propiedades físicas y químicas de los compuestos, y facilitar la comprensión de la estructura atómica y la relación entre la estructura y las propiedades. Entre las propiedades químicas que dependen de la configuración electrónica de la capa de valencia de cada elemento cabe destacar el radio atómico, la afinidad electrónica, el potencial de ionización y la electronegatividad. A continuación se detalla brevemente cómo varía cada una de dichas propiedades en función de la posición que ocupe cada elemento en el sistema periódico.

El radio atómico es la distancia entre el núcleo del átomo y la capa electrónica más externa. El radio atómico varía de acuerdo con el número atómico del elemento y la posición en la tabla periódica.

En general, el radio atómico aumenta al moverse de derecha a izquierda dentro de un período en la tabla periódica. Esto se debe a que al avanzar hacia la derecha, el número atómico aumenta y la carga nuclear efectiva (la fuerza con la que el núcleo atrae a los electrones de la capa más externa) también aumenta, lo que hace que los electrones se atraigan más hacia el núcleo y disminuya el tamaño del átomo.

Por otro lado, el radio atómico tiende a aumentar al moverse hacia abajo en una columna o grupo de la tabla periódica. Esto se debe a que a medida que se desciende en un grupo, el número cuántico principal aumenta y, por lo tanto, la capa electrónica más externa se encuentra más lejos del núcleo, lo que hace que el radio atómico aumente.

Sin embargo, hay algunas excepciones a esta tendencia general, como por ejemplo en la transición de un elemento de un estado de oxidación a otro, lo que puede producir cambios en el tamaño del átomo. Además, las propiedades atómicas también están influenciadas por otros factores como la carga nuclear efectiva, la electronegatividad, la polarizabilidad, entre otros.

La afinidad electrónica es la energía liberada cuando un átomo gana un electrón en su estado gaseoso para formar un ion negativo. La afinidad electrónica varía en la tabla periódica debido a la variación en las características electrónicas de los elementos.

En general, la afinidad electrónica aumenta al moverse de izquierda a derecha en la tabla periódica, y disminuye al moverse hacia abajo en un grupo. Esto se debe a que los elementos de la derecha tienen una mayor carga nuclear efectiva, lo que atrae con más fuerza a los electrones y hace que sea más difícil agregar otro electrón. Además, los elementos en la parte superior de un grupo tienen electrones en capas más pequeñas, lo que hace que el núcleo atraiga a los electrones con más fuerza y dificulte la adición de más electrones.

Sin embargo, hay algunas excepciones a esta tendencia. Por ejemplo, el oxígeno y el flúor tienen una afinidad electrónica excepcionalmente alta debido a su estructura electrónica y su capacidad para acomodar un electrón adicional en una capa semillena. Por otro lado, los metales alcalinos tienen una baja afinidad electrónica debido a su estructura electrónica y su alta electronegatividad.

En resumen, la afinidad electrónica de los elementos varía en la tabla periódica debido a una combinación de factores, incluyendo la carga nuclear efectiva, el tamaño y la configuración electrónica de los átomos.

El potencial de ionización (PI) es la energía necesaria para quitar un electrón de un átomo gaseoso y convertirlo en un ion positivo. El potencial de ionización varía en la tabla periódica debido a la variación en las características electrónicas de los elementos.

En general, el potencial de ionización aumenta al moverse de izquierda a derecha en la tabla periódica, y disminuye al moverse hacia abajo en un grupo. Esto se debe a que los elementos a la derecha tienen una mayor carga nuclear efectiva, lo que atrae con más fuerza a los electrones y hace que sea más difícil quitar un electrón. Además, los elementos en la parte superior de un grupo tienen electrones en capas más pequeñas, lo que hace que el núcleo atraiga a los electrones con más fuerza y aumente el PI.

Sin embargo, hay algunas excepciones a esta tendencia. Por ejemplo, los elementos del grupo 2 (metales alcalinotérreos) tienen una PI relativamente baja debido a que los electrones de su capa más externa están relativamente lejos del núcleo y son menos atraídos por la carga nuclear efectiva.

En resumen, el potencial de ionización de los elementos varía en la tabla periódica debido a una combinación de factores, incluyendo la carga nuclear efectiva, el tamaño y la configuración electrónica de los átomos.

Una propiedad directamente relacionada con el potencial de ionización es el efecto fotoeléctrico, gracias al cual un material expuesto a una radiación electromagnética como la luz emite los electrones de su capa de valencia. Este fenómeno fue descubierto por el físico alemán Albert Einstein en 1905, y su explicación requiere de la teoría cuántica de la radiación electromagnética.

Cuando la radiación electromagnética incide sobre un material, los electrones en la superficie del material pueden ser excitados y salir del material si la energía de los fotones es suficientemente alta. Si los electrones son liberados, se produce una corriente eléctrica que puede ser medida y utilizada para analizar el efecto fotoeléctrico.

La energía de los electrones emitidos depende de la energía de los fotones que inciden en el material. Por lo tanto, si se varía la energía de los fotones, se pueden medir las propiedades del material, como la energía de los electrones y la función de trabajo del material.

El efecto fotoeléctrico tiene numerosas aplicaciones, incluyendo la creación de células solares, la producción de imágenes en cámaras digitales y el estudio de la estructura de los materiales y la superficie de los planetas mediante la exploración espacial.

Por último, la electronegatividad es la capacidad de un átomo de atraer electrones hacia sí mismo cuando forma un enlace químico con otro átomo. La electronegatividad varía en la tabla periódica debido a la variación en las características electrónicas de los elementos.

En general, la electronegatividad aumenta al moverse de izquierda a derecha en la tabla periódica, y disminuye al moverse hacia abajo en un grupo. Esto se debe a que los elementos de la derecha tienen una mayor carga nuclear efectiva, lo que atrae con más fuerza a los electrones y hace que sea más difícil que otro átomo tome uno de sus electrones. Además, los elementos en la parte superior de un grupo tienen electrones en capas más pequeñas, lo que hace que el núcleo atraiga a los electrones con más fuerza y aumente su electronegatividad.

Hay algunas excepciones a esta tendencia. Por ejemplo, los elementos del grupo 3 (escandio, itrio, lutecio) tienen una electronegatividad inusualmente alta debido a la estabilidad que se logra con la configuración electrónica de su capa d.

En resumen, la electronegatividad de los elementos varía en la tabla periódica debido a una combinación de factores, incluyendo la carga nuclear efectiva, el tamaño y la configuración electrónica de los átomos.

El enlace químico

Como mencionamos anteriormente, existen tres tipos diferentes de enlaces en función de que los elementos enlazados sean metales o no metales. En este sentido, podemos distinguir:

- El enlace covalente, formado por la unión de dos átomos no metálicos entre ellos. En este caso, los dos átomos implicados en el enlace covalente comparten 1, 2 ó hasta 3 pares de electrones. Esto es, hay 2, 4 ó 6 electrones cuya máxima probabilidad se encuentra en el espacio entre los núcleos de los dos átomos implicados en el enlace en función de que se trate de un enlace sencillo, doble o triple, respectivamente. Los compuestos unidos por este tipo de enlace muestran puntos de fusión y ebullición bajos, por lo que muchos de ellos son líquidos o incluso gases a temperatura ambiente. Tienen una conductividad baja, lo que implica que son generalmente buenos aislantes térmicos y eléctricos.

- El enlace iónico, formado por la unión de un átomo metálico con uno no metálico. En este caso, la unión se debe a la atracción electrostática entre los iones cargados positivamente (cationes) y negativamente (aniones), formados a partir de los correspondientes átomos metálico y no metálico. Estos compuestos se caracterizan por tener un punto de fusión y ebullición alto, por lo que son sólidos en su mayor parte a temperatura ambiente. Los compuestos iónicos son solubles en disolventes polares como el agua y son capaces de conducir tanto la electricidad como el calor tanto en disolución como cuando se funden. Si se les da el tiempo suficiente, este tipo de compuestos tiende a formar estructuras cristalinas con una geometría tridimensional bien definida en la que los iones que conforman el compuesto se distribuyen ordenadamente en las distintas posiciones de una red tridimensional.

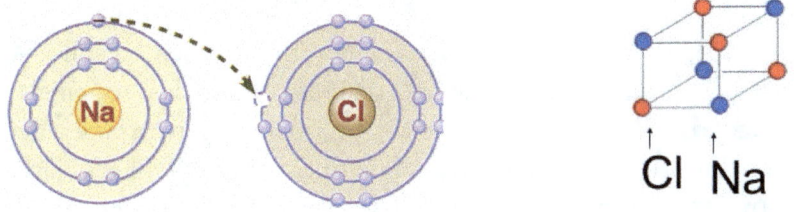

- El enlace metálico, formado por la unión entre átomos metálicos. En este caso, la unión entre los distintos átomos se debe al poder de aglutinamiento que la nube electrónica de los electrones de la banda de valencia ejerce sobre los núcleos de los átomos. Esta nube de electrones es la responsable de las propiedades características de los metales, como son su color, su brillo, sus altísimos puntos de fusión y ebullición y, sobre todo, su altísima capacidad para conducir tanto la electricidad como el calor.

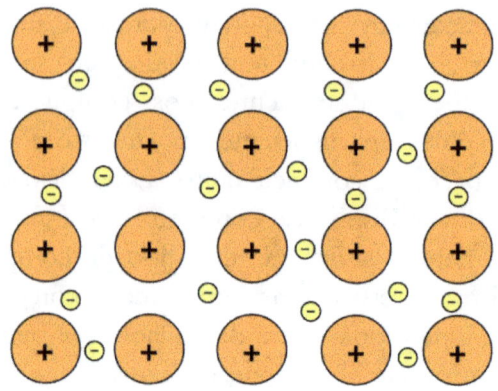

Reacciones químicas

Una reacción química es un proceso en el que se produce una transformación de las sustancias originales (reactivos) en nuevas sustancias (productos) con propiedades diferentes. Durante una reacción química, se rompen los enlaces entre los átomos de los reactivos y se forman nuevos enlaces para dar lugar a los productos.

Las reacciones químicas pueden ser causadas por diferentes factores, como cambios en la temperatura, la presión, la concentración de los reactivos, la luz y la presencia de catalizadores. Las reacciones químicas se representan mediante ecuaciones químicas que indican las sustancias que reaccionan, los productos que se forman y las proporciones en las que se combinan.

Las reacciones químicas son fundamentales en la química y en muchas otras disciplinas, ya que permiten entender cómo ocurren las transformaciones químicas en la naturaleza, en la industria o en los organismos vivos. Además, las reacciones químicas pueden ser utilizadas para sintetizar nuevos compuestos, para producir energía y para entender los mecanismos que intervienen en la química de los procesos biológicos y medioambientales.

Tipos de reacciones químicas

Existen diferentes tipos de reacciones químicas que se clasifican en función de los cambios que ocurren en los reactivos y en los productos durante la reacción. Algunos de los tipos de reacciones químicas más comunes son:

- Reacciones de adición o de combinación, donde dos o más sustancias se combinan entre sí para formar un producto más complejo, como es por ejemplo la reacción de formación del agua a partir de sus elementos, hidrógeno y oxígeno:

$$2H_2 + O_2 \rightarrow 2H_2O$$

- Reacciones de descomposición, donde una sustancia se divide en dos o más productos más simples, como por ejemplo la electrolisis del agua para liberar hidrógeno y oxígeno:

$$2H_2O \rightarrow 2H_2 + O_2$$

- Reacciones de sustitución, donde un átomo o grupo de átomos de una sustancia se intercambia con otro átomo o grupo de átomos de otra sustancia. Estas reacciones pueden ser de sustitución simple si solo se sustituye un elemento por otro en un mismo compuesto o de sustitución doble si dos compuestos intercambian sus elementos para formar dos compuestos nuevos. Algunos ejemplos característicos son:

$$Zn + 2HCl \rightarrow ZnCl_2 + H_2 \; (sustitución\; simple\; de\; Zn\; y\; H)$$

$Na_2S + ZnCl_2 \rightarrow ZnS + 2NaCl$ (*sustitución doble*)

Estequiometría de las reacciones y leyes fundamentales de la química

La estequiometría es una rama de la química que se encarga de estudiar las relaciones cuantitativas que existen entre los reactivos y los productos que intervienen en una reacción química. En otras palabras, la estequiometría se ocupa de calcular las cantidades de sustancias que participan en la reacción y la cantidad de productos que se forman.

La estequiometría es una herramienta fundamental en la química, ya que permite determinar la cantidad de reactivos necesaria para obtener una determinada cantidad de producto, así como determinar el rendimiento de una reacción química. También es importante en la industria, donde se utilizan los cálculos estequiométricos para optimizar los procesos de producción y minimizar la generación de residuos. A continuación detallamos paso a paso cómo ajustar una reacción y encontrar la relación estequiométrica de la misma.

Podemos escribir cualquier reacción química la forma general:

$aA + bB \rightarrow cC + dD$

Donde A y B representan los reactivos de la reacción, C y D los productos de ésta, y los coeficientes a, b, c y d la proporción en la que estos compuestos reaccionan entre sí.

Un ejemplo de ecuación química sería, por lo tanto,

$CH_4 + 2O_2 \rightarrow CO_2 + 2H_2O$

De donde intuimos que una molécula de metano (CH_4) reacciona con 2 moléculas de oxígeno (O_2) para formar una molécula de dióxido de carbono (CO_2) y dos moléculas de agua (H_2O).

La proporción entre estos compuestos se establece de tal forma que el número total de átomos de cada tipo, esto es, el número de átomos de carbono (C), hidrógeno (H) y oxígeno (O) sea el mismo tanto en los reactivos como en los productos de la reacción. En este caso, se habla de que la ecuación química se encuentra balanceada o equilibrada.

Si bien existan numerosos trucos que te pueden ayudar a ajustar la ecuación química, el que más me ha ayudado siempre ha sido el ajuste matemático. Este truco se basa en utilizar los coeficientes de la ecuación general de la que hablábamos anteriormente para, resolviendo un simple sistema de ecuaciones, llegar rápidamente a la ecuación química ajustada. A continuación, mostramos cómo aplicarlo paso a paso a la ecuación de la combustión del metano.

En primer lugar añadimos los coeficientes generales a cada uno de los compuestos de la reacción, como se muestra a continuación:
$$aCH_4 + bO_2 \rightarrow cCO_2 + dH_2O$$

Una vez situados los coeficientes generales, hacemos un balance para cada uno de los elementos de la reacción, esto es, para el carbono, el oxígeno y el hidrógeno, obteniendo:

- Para el C: Como debemos tener el mismo número de átomos de C en los reactivos y en los productos y tanto la molécula de metano como la de dióxido de carbono poseen tan solo un átomo de carbono, a = c
- Para el H: Como debemos tener el mismo número de átomos de H en los reactivos y en los productos y la

molécula de metano posee un total de 4 átomos de H y la de agua un total de 2 átomos de H, 4a = 2d

- Para el O: Como debemos tener el mismo número de átomos de O en los reactivos y en los productos y la molécula de oxígeno posee un total de 2 átomos de O, la de dióxido de carbono posee 2 átomos de oxígeno y la de agua 1 átomo de oxígeno, 2b = 2c + d

En base a estos balances, podemos escribir el sistema de ecuaciones:

$$\begin{cases} a = c \\ 4a = 2d \\ 2b = 2c + d \end{cases}$$

De donde resolviendo el sistema de ecuaciones obtenemos, a = 1, b = 2, c = 1 y d = 2. Sustituyendo estos valores en la ecuación química llegamos a la ecuación balanceada:

$$CH_4 + 2O_2 \rightarrow CO_2 + 2H_2O$$

Uno de los mayores inconvenientes que nos encontramos a la hora de trabajar con reacciones y ecuaciones químicas es que una molécula pesa tan poco que escapa a nuestro entendimiento. Estamos acostumbrados a objetos que pesen kilogramos o, si acaso, unos pocos gramos o miligramos. Pero ¿cómo pensar que algo que pesa tan poco como 10^{-23} kg sea realmente interesante? Y no solo interesante, sino esencial para casi cualquier proceso. Es por ello por lo que definimos el concepto de mol, para acercar el peso de los compuestos químicos al mundo macroscópico en el que vivimos. El mol, una de las siete unidades básicas del sistema internacional, representa así a la cantidad de materia que hay en tantas entidades elementales como átomos hay en 12.0000 gramos del isótopo de carbono-12. Es importante notar que, dado que un mol se refiere a múltiples tipos de materia, debemos asimismo especificar a qué materia nos referimos exactamente, y por ello hablamos de un mol de metano, cinco moles de oxígeno o dos moles de iones sodio, por citar unos ejemplos.

El concepto de mol lleva implícitamente asociado el concepto de masa molar, que representa la masa de un mol del compuesto que estemos estudiando en cada caso. Esta masa molar es un concepto básico que nos permite calcular el número de moles que tenemos de un determinado compuesto dividiendo la masa total del mismo entre la masa molar.

¿Por qué estos dos conceptos son tan importantes? Si te acuerdas, antes utilizamos unos números (1, 2...) para indicar el número de moléculas de cada tipo que interaccionaban entre sí. Al ser el número de moles proporcionales al número de moléculas, podemos igualmente hablar de que un mol de metano reacciona con dos moles de oxígeno... y nos hemos movido del mundo microscópico donde las masas son de 10^{-23} g al mundo macroscópico, donde estamos hablando ya de masas que podemos pesar en una balanza.

¿Qué otros conceptos básicos debemos tener en cuenta a la hora de resolver los problemas en química? Los más importantes son las leyes fundamentales de la química, que rigen los cálculos en cualquier ecuación química. Y es que, al igual que en las ecuaciones matemáticas, nuestro objetivo es poder calcular cuánto se formará de los distintos productos y cuántos reactivos necesitaremos para poder formar la cantidad que deseamos obtener de la reacción.

Estas leyes fundamentales son:
- *Ley de conservación de la masa o ley de Lavoisier.* La masa total de los reactivos y productos se conserva en cualquier reacción química. Por ejemplo, si tomamos el caso de la combustión de metano y quemamos 16 gramos de metano con 64 gramos de oxígeno obtendremos 44 gramos de dióxido de carbono y 36 gramos de agua, de

modo que la masa total de los reactivos (80 gramos) es equivalente a la masa total de los productos formados en la reacción (80 gramos).

- *Ley de las proporciones constantes o ley de Proust*: Dos o más elementos se combinan para formar compuestos que mantienen una proporción de masa constante entre ellos. Por ejemplo, si consideramos las masas de hidrógeno y oxígeno dentro de una molécula de agua siempre encontraremos que estos elementos se encuentran en una proporción de 1 gramo de hidrógeno por cada 8 gramos de oxígeno.

- *Ley de las proporciones múltiples o ley de Dalton*: Cuando dos o más elementos puedan combinarse para formar más de un compuesto, la relación entre la masa de uno de ellos en estos compuestos mantiene una proporción que se puede expresar por números enteros. Por ejemplo, si consideramos la proporción de hierro en los óxidos ferroso y férrico siempre encontraremos que se encuentran 2 gramos de hierro en el óxido ferroso por cada 3 gramos de hierro en el óxido férrico.

- *Ley de las proporciones equivalentes o recíprocas o ley de Richter*: Cuando dos elementos diferentes, a y b, se combinan con la misma cantidad de un tercer elemento, si pueden combinarse entre ellos mantendrán la misma relación de masas, a/b.

- *Ley de Gay Lussac*: En una transformación isobárica de un gas, esto es, llevada a cabo a presión constante, se observa que el volumen ocupado por dicho gas es directamente proporcional a su temperatura.

- *Ley de Boyle Mariotte*: En una transformación isoterma de un gas, esto es, llevada a cabo a temperatura constante, se observa que el volumen ocupado por dicho gas es inversamente proporcional a su presión.

- *Ley de Charles*: En una transformación isocora de un gas, esto es, llevada a cabo a volumen constante, se observa que la presión ejercida por las moléculas de dicho gas contra las paredes del recipiente es directamente proporcional a su temperatura.

- *Ley de los gases ideales o ley de Clapeyron:* Existe una relación entre la presión ejercida por las moléculas de un gas, el volumen ocupado por el mismo y su temperatura. Dicha relación sigue la ecuación:

$$p * V = n * R * T$$

Donde p representa la presión del gas, V el volumen, n el número de moles del gas, T la temperatura absoluta del gas y R es una constante que toma los valores de 0.082 atm $* 1 * K^{-1} * mol^{-1}$ ó 8.314 J $* K^{-1} * mol^{-1}$.

- *Ley de Avogadro:* Un mol de cualquier gas en condiciones normales de temperatura y presión, esto es, a una temperatura de 0°C y una presión de 1 atm ocupará siempre 22.4 litros independientemente de su naturaleza. Nótese que esta ley puede deducirse sin más que despejar y calcular el volumen equivalente a dicho gas utilizando la ecuación de los gases ideales notada anteriormente, ya que:

$$V = \frac{n * R * T}{p} = \frac{1 * 0.082 * 273.15}{1} = 22.4\, l$$

Ejercicios resueltos

Ejercicio 1. ¿Cuál es el número de protones, neutrones y electrones de un átomo de ^{35}Cl? ¿Cuál sería su configuración electrónica? ¿Y la de su ion más estable?

SOLUCION:

El cloro-35 tiene 17 protones (igual al número atómico), 18 neutrones (restando el número atómico al número másico) y 17 electrones (igual al número de protones para mantener el balance de cargas).

Una vez que sabemos que tiene 17 electrones, podemos calcular su configuración electrónica situando:

- 2 electrones en el orbital 1s
- 2 electrones en el orbital 2s
- 6 electrones en el orbital 2p
- 2 electrones en el orbital 3s
- 5 electrones en el orbital 3p

Por lo que su configuración electrónica, equivalente para todos los átomos de cloro independientemente de que se trate de ^{35}Cl o cualquier otro isótopo sería: $1s^2\ 2s^2\ 2p^6\ 3s^2\ 3p^5$.

Al tener una configuración en la capa de valencia (la 3) de $s^2\ p^5$, para adquirir una configuración estable de gas noble deberá adquirir un electrón. La configuración electrónica del anión resultante (Cl^-) será $1s^2\ 2s^2\ 2p^6\ 3s^2\ 3p^6$.

Ejercicio 2. ¿Cuál es la masa de 0.25 moles de átomos de aluminio?

SOLUCION:

El peso atómico del aluminio es de 26.98 g/mol, por lo que la masa de 0.25 moles de átomos de aluminio sería:

0.25 mol x 26.98 g/mol = 6.75 g

Ejercicio 3. ¿Cuántos átomos de oxígeno hay en 0.5 moles de CO_2?

SOLUCION:

En un mol de dióxido de carbono (CO_2) hay un átomo de carbono y dos átomos de oxígeno. Por lo tanto, en 0.5 moles de CO_2 habrá 0.5 x 2 = 1 mol de átomos de oxígeno.

El número de átomos de oxígeno en 1 mol es igual al número de Avogadro, que es 6.022×10^{23}. Entonces, el número total de átomos de oxígeno en 0.5 moles de CO2 sería:

1 mol x 6.022×10^{23} átomos/mol = 6.022×10^{23} átomos de oxígeno

Ejercicio 4. ¿Cuál es la fórmula molecular de un compuesto que tiene un 62.1% de carbono, un 10.3% de hidrógeno y un 27.6% de oxígeno?

SOLUCION:

Para encontrar la fórmula molecular de un compuesto a partir de su composición porcentual, es necesario convertir los porcentajes a cantidades en gramos y luego a moles. Luego, se dividen las cantidades de cada elemento por el menor número de moles y se redondea al entero más cercano para obtener la proporción de los elementos en la fórmula molecular.

Suponiendo que la muestra tenga 100 g, habría 62.1 g de carbono, 10.3 g de hidrógeno y 27.6 g de oxígeno.

El número de moles de carbono es 62.1 g / 12.01 g/mol = 5.171 mol

El número de moles de hidrógeno es 10.3 g / 1.008 g/mol = 10.218 mol

El número de moles de oxígeno es 27.6 g / 16.00 g/mol = 1.725 mol

Dividiendo cada número de moles por el menor número de moles se obtiene que la proporción de átomos de carbono, hidrógeno y oxígeno es:

Para el carbono: 5.171 / 1.725 = 2.997 x

Para el hidrógeno: 10.218 / 1.725 = 5.923 x

Para el oxígeno: 1.725 / 1.725 = x

Por lo que la fórmula molecular sería C_3H_6O.

Ejercicio 5. Una muestra de 15 gramos de calcita que contiene un 98% de carbonato de calcio puro, se hace reaccionar con ácido sulfúrico del 96% de riqueza y 1.84 g/ml de densidad, formándose sulfato de calcio y desprendiéndose dióxido de carbono y agua.

a) Formule y ajuste la reacción que tiene lugar
b) ¿Qué volumen de ácido sulfúrico será necesario para que reaccione totalmente la muestra de calcita?
c) ¿Cuántos litros de CO_2 se desprenderán medidos a 1 atm y 25°C?
d) ¿Cuántos gramos de sulfato de calcio se producirán en la reacción?

Datos: $R = 0.082$ atm $* L * K^{-1} * mol^{-1}$; Masas atómicas $H = 1$, $C = 12$, $O = 16$, $S = 32$, $Ca = 40$

SOLUCION:

Apartado a

En base a los datos facilitados sabemos:
Reactivos:

- Calcita (carbonato de calcio): $CaCO_3$
- Ácido sulfúrico: H_2SO_4
  Productos:
- Sulfato de calcio: $CaSO_4$
- Dióxido de carbono: CO_2
- Agua: H_2O

La reacción será entonces del tipo:
$$aCaCO_3 + bH_2SO_4 \rightarrow cCaSO_4 + dCO_2 + eH_2O$$

El balance para cada elemento de la reacción nos indica:

- Para el calcio: Por cada mol de $CaCO_3$ se forma 1 mol de $CaSO_4$ por lo que $a = c$
- Para el carbono: Por cada mol de $CaCO_3$ se forma un mol de CO_2, por lo que $a = d$
- Para el oxígeno: Como debemos tener el mismo número

45

de átomos de O en los reactivos y en los productos y la molécula de calcita posee 3 átomos de oxígeno, la de ácido sulfúrico posee 4 átomos de oxígeno, la de sulfato de calcio posee 4 átomos de oxígeno, la de dióxido de carbono posee 2 átomos de oxígeno y la de agua posee un átomo de oxígeno, por lo que 3a + 4b = 4c + 2d + e

- Para el hidrógeno: Por cada mol de H_2SO_4 se forma un mol de H_2O por lo que b = e

El sistema de ecuaciones necesario para resolver entonces la ecuación ajustada será:

$$\begin{cases} a = c \\ a = d \\ b = e \\ 3a + 4b = 4c + 2d + e \end{cases}$$

Utilizando las tres ecuaciones iniciales, podemos reducir este sistema a:

$3a + 4b = 4a + 2a + b = 6a + b$

De donde,

$3b = 3a$

Es decir, a = b.

En base a esto, la ecuación química ajustada usando los números más simples posible sería:

$$CaCO_3 + H_2SO_4 \rightarrow CaSO_4 + CO_2 + H_2O$$

Donde a = b = c = d = e = 1,

Apartado b

En base a la ecuación química ajustada en el apartado anterior establecimos que un mol de carbonato de calcio reacciona con un mol de ácido sulfúrico. Para calcular la cantidad de ácido sulfúrico necesario debemos, por lo tanto, calcular los moles de carbonato de calcio disponibles tomando en cuenta:

- La fórmula del carbonato de calcio ($CaCO_3$)

- Las masas atómicas del carbono (12), el oxígeno (16) y el calcio (40)
- La pureza de la calcita (98%)
- La masa de calcita (15 gramos)
  Este cálculo se detalla a continuación:

Paso 1. Cálculo de la masa molar del carbonato de calcio
Masa molar = masa Ca + masa C + 3*masa O
Masa molar = 40 + 12 + 3*16 = 100 g/mol de $CaCO_3$

Paso 2. Cálculo de la masa de $CaCO_3$
Masa = masa calcita * pureza
Masa = 15 * 0.98 = 14.7 gramos de $CaCO_3$

Paso 3. Cálculo de los moles de $CaCO_3$
Moles = masa / masa molar = 14.7 / 100 = 0.147 mol

Una vez calculados los moles disponibles de $CaCO_3$ en la muestra de calcita calculamos el volumen necesario de ácido sulfúrico teniendo en cuenta:
- La fórmula del ácido sulfúrico (H_2SO_4)
- Las masas atómicas del hidrógeno (1), el oxígeno (16) y el azufre (32)
- La pureza del ácido sulfúrico (96%)
- La densidad del ácido sulfúrico (1.84 g/ml)
- La estequiometría de la reacción ajustada (1 mol de H_2SO_4 por cada mol de $CaCO_3$)

Paso 4. Cálculo de los moles de H_2SO_4 necesarios
Moles H_2SO_4 = moles $CaCO_3$ = 0.147 mol

Paso 5. Cálculo de la masa molar del H_2SO_4
Masa molar = 2*masa H + masa S + 4*masa O
Masa molar = 2*1 + 32 + 4*16 = 98 g/mol
Paso 6. Cálculo de la masa de H_2SO_4 necesaria
Masa = moles * masa molar / pureza

Masa $= 0.147 * 98 / 0.96 = 15.0$ g

Paso 7. Cálculo del volumen de H_2SO_4 necesario
Volumen $=$ masa / densidad
Volumen $= 15.0 / 1.84 = 8.156$ ml

Apartado c
En base a la ecuación química ajustada en el apartado a establecimos que un mol de carbonato de calcio forma un mol de dióxido de carbono. En el apartado anterior calculamos que la muestra de calcita de 15 gramos contenía un total de 0.147 moles de carbonato de calcio, por lo que se formarán 0.147 moles de dióxido de carbono.

Teniendo en cuenta que el CO_2 formado es un compuesto gaseoso podemos calcular el volumen ocupado utilizando la ley de los gases ideales:
$p * V = n * R * T$
Donde p representa la presión del gas (1 atm), V el volumen, n el número de moles (0.147), T la temperatura absoluta (25°C) y R vale 0.082 atm $* 1 * K^{-1} * mol^{-1}$.

Despejando el volumen en esta ecuación encontramos

$$V = \frac{n * R * T}{p} = \frac{0.147 * 0.082 * (25 + 273.15)}{1} = 3.5939 \, l$$

Apartado d
En base a la ecuación química ajustada en el apartado a establecimos que un mol de carbonato de calcio forma un mol de sulfato de calcio. En el apartado b calculamos que la muestra de calcita de 15 gramos contenía un total de 0.147 moles de carbonato de calcio, por lo que se formarán 0.147 moles de sulfato de calcio.

En este caso es fácil asumir que el sulfato de calcio formado se encuentra con una pureza del 100% al ser el único producto sólido formado en la reacción. Teniendo esto en cuenta, podemos calcular la masa de sulfato de calcio formada teniendo en cuenta:

- La fórmula del sulfato de calcio, $CaSO_4$
- Las masas atómicas del oxígeno (16), el azufre (32) y el calcio (40)

Paso 1. Cálculo de la masa molar del sulfato de calcio
Masa molar = masa Ca + masa S + 4*masa O
Masa molar = 40 + 32 + 4*16 = 136 g/mol de $CaSO_4$

Paso 2. Cálculo de la masa formada de sulfato de calcio
Masa = moles * masa molar = 0.147 * 136 = 19.992 gramos

Ejercicio 6. Justifica si las siguientes afirmaciones son verdaderas o falsas.

a) Dos iones de carga +1 de los isótopos 23 y 24 del sodio (Z = 11) tienen el mismo comportamiento químico.

b) El ion de carga -2 del isótopo 16 del oxígeno (Z = 8) presenta la misma reactividad que el ion de carga -1 del isótopo 18 del oxígeno.

c) La masa atómica del cloro es 35.5 g/mol aproximadamente, siendo este un valor promedio ponderado entre las masas de sus isótopos, ^{35}Cl y ^{37}Cl, de porcentajes de abundancia del 75% y el 25%, respectivamente

d) Los isótopos 16 y 18 del oxígeno se diferencian en el número de electrones que poseen.

49

SOLUCION:

a) Esta afirmación es VERDADERA. La única diferencia existente entre los isótopos 23 y 24 del sodio es el número de neutrones. Dado que la reactividad depende fundamentalmente de la configuración electrónica y ambos iones tienen el mismo número de electrones (11), presentaran una reactividad y unas propiedades químicas similares.

b) Esta afirmación es FALSA. Si consideramos que un átomo neutro de oxígeno tiene 8 protones y 8 electrones, un ion de carga -2 poseerá 10 electrones y un ion de carga -1 poseerá 9 electrones, independientemente del número de neutrones que posea el átomo y, por lo tanto, del isótopo concreto del que se trate. Por consiguiente, la reactividad y propiedades químicas de un ion de carga -2 del isótopo ^{16}O será diferente que la reactividad y propiedades químicas de un ion de carga -1 del isótopo ^{18}O, pues ambos iones difieren en el número total de electrones (10 y 9, respectivamente), y como consecuencia, en su configuración electrónica de la capa de valencia.

c) Esta afirmación es VERDADERA. Podemos estimar el peso atómico de cualquier elemento si consideramos la masa de los protones y neutrones de cada uno de sus isótopos y hacemos una media ponderada de dichas masas en función de la abundancia relativa de estos isótopos. En el caso del cloro, obtenemos por lo tanto:

Peso atómico $= 0.75 * 35 + 0.25 * 37 = 35.5 \ g/mol$

d) Esta afirmación es FALSA. Como se mencionó en el apartado b, ambos isótopos poseerán el mismo número de electrones (8), el cual depende exclusivamente del número atómico y la carga del elemento en cuestión.

50

Ejercicio 7. En el espectro atómico del hidrógeno hay una línea situada a 434.05 nm.

a) Calcula la diferencia de energía para la transición asociada a dicha línea, expresándola en kJ/mol.
b) Si el nivel inferior correspondiente a esa transición es n = 2, determina cual será el nivel superior.

SOLUCION:

Apartado a

Para estimar la diferencia de energía para la transición asociada a dicha línea hacemos uso de la ecuación de Planck:

$$E = h * v$$

Donde, como mencionamos en la parte teórica, h representa la constante de Planck y v la frecuencia del fotón. Dicha frecuencia se relaciona con su longitud de onda (λ) como:

$$v = \frac{c}{\lambda}$$

donde c representa la velocidad del fotón, la cual se puede aproximar a la velocidad de la luz. Sustituyendo esta expresión en la ecuación de Planck:

$$E = h * \frac{c}{\lambda}$$

Sustituyendo el valor de la constante de Planck ($6.626 * 10^{-34}$ J*s), la velocidad de la luz ($3 * 10^8$ m/s) y la longitud de onda de la linea ($4.3405 * 10^{-7}$ m),

51

$$E = 6.626 * 10^{-34} * \frac{3 * 10^8}{4.3405 * 10^{-7}} = 4.580 * 10^{-19} J$$

De donde calculamos que la energía emitida por un átomo de hidrógeno es de $4.580*10^{-19}$ J.

Para convertir dicha energía a kJ/mol debemos considerar que en un mol de átomos de hidrógeno hay $6.022*10^{23}$ átomos de hidrógeno, por lo que:

$$E = 4.580 * 10^{-19} \frac{J}{atomo} * 6.022 * 10^{23} \frac{atomos}{mol} * 10^{-3} \frac{kJ}{J} = 275.8 \; kJ/mol$$

Apartado b

Para calcular el nivel superior al que llega el electrón tras absorber una energía de 275.8 kJ/mol calculada en el apartado anterior desde el nivel n = 2 debemos hacer uso de la ecuación de Rydberg:

$$\frac{1}{\lambda} = R_H * \left(\frac{1}{n_1^2} - \frac{1}{n_2^2} \right)$$

Donde λ es la longitud de la onda de la radiación absorbida por el átomo de hidrógeno, R_H es la constante de Rydberg para el hidrógeno (1.097×10^7 m^{-1}) y n_1 y n_2 son los números cuánticos principales de los niveles de energía de los electrones del átomo. En este caso, sabemos que la longitud de onda es de 434.05 nm o, lo que es lo mismo, $4.3405*10^{-7}$ m. Además, sabemos que $n_1 = 2$, por lo que, sustituyendo estos valores en la ecuación de Rydberg, llegamos a:

$$\frac{1}{4.3405 * 10^{-7}} = 1.097 * 10^7 * \left(\frac{1}{2^2} - \frac{1}{n_2^2} \right)$$

Resolviendo esta ecuación, podemos concluir que el electrón absorberá la radiación incidente hasta llegar al nivel n_2 = 5, ya que:

$$\frac{1}{4.3405 * 10^{-7} * 1.097 * 10^7} = \frac{1}{2^2} - \frac{1}{n_2^2}$$

$$\frac{1}{n_2^2} = \frac{1}{4} - \frac{1}{4.7615} = 0.03998$$

$$n_2 = \sqrt{25.012} = 5.001$$

Ejercicio 8. El espectro visible corresponde a radiaciones de longitud de onda comprendidas entre 450 y 700 nm Razona si es o no posible conseguir la ionización del átomo de litio con dicha radiación sabiendo que la primera energía de ionización del litio es de 5.40 eV.

SOLUCION:

Para que la radiación incidente sea capaz de ionizar el átomo de litio, esta debe tener, como mínimo, una energía igual a su potencial o energía de ionización. Esto es, debe ser igual o superior a 5.40 eV.

Tomando esto en cuenta y aplicando la ecuación de Planck, podemos evaluar fácilmente si la radiación visible será lo suficientemente energética como para lograr nuestro propósito. Para ello, tomamos ambos extremos del espectro visible, esto es, las longitudes de onda facilitadas de 450 y 700 nm, calculando la energía correspondiente a los fotones de dichas longitudes de onda. Como hicimos en el ejercicio 7,

$$E = h * \frac{c}{\lambda}$$

Donde h es la constante de Planck ($6.626*10^{-34}$ J*s) y c la velocidad de la luz ($3*10^8$ m/s)

$$E \, (foton \; azul) = 6.626 * 10^{-34} * \frac{3 * 10^8}{4.5 * 10^{-7}} = 4.417 * 10^{-19} J$$

$$E \, (foton \; rojo) = 6.626 * 10^{-34} * \frac{3 * 10^8}{7 * 10^{-7}} = 2.839 * 10^{-19} J$$

Por lo que la energía de la radiación visible estaría comprendida entre los $2.839 * 10^{-19}$ J de la radiación roja y los $4.417*10^{-19}$ J de la radiación azul.

Para saber si esta energía es capaz de ionizar el átomo de litio, debemos convertir los eV del potencial de ionización a julios para poder comparar este valor con la energía de la radiación visible:

$$PI = 5.40 \, eV * 1.6 * 10^{-19} \frac{J}{eV} = 8.64 * 10^{-19} J$$

De donde vemos que la energía de la radiación visible no es suficiente como para conseguir ionizar el litio, pues necesitaríamos una energía de, al menos, $8.64 * 10^{-19}$ J para lograr la ionización.

Ejercicio 9. Justifica si es cierto o falso que:

a) Un fotón con frecuencia de 2000 Hz tiene mayor longitud de onda que otro fotón con frecuencia de 1000 Hz.

b) De acuerdo con el modelo de Bohr, la energía de un electrón de un átomo de hidrógeno en el nivel n = 1 es

54

cuatro veces la energía de ese mismo electrón en el nivel n = 2.

c) Cuando un átomo emite radiación, sus electrones pasan a un nivel de energía inferior.

Apartado a

Esta afirmación es FALSA. Como explicamos en ejercicios anteriores, la frecuencia y la longitud de onda de un fotón son inversamente proporcionales, al estar relacionadas a través de la ecuación:

$$v = \frac{c}{\lambda}$$

Por lo tanto, la longitud de onda del fotón de 2000 Hz será inferior a la longitud de onda del fotón de 1000 Hz.

Apartado b

Esta afirmación es VERDADERA. De acuerdo con el modelo de Bohr, podemos estimar la energía de un electrón haciendo uso de la ecuación:

$$E \ (eV) = -13.6 * \frac{Z^2}{n^2}$$

Donde Z representa el número atómico del elemento y n el número cuántico principal del orbital donde se encuentre el electrón. En base a dicha fórmula, la energía de un electrón en el nivel con n = 1 será de 13.6 eV mientras que la energía de un electrón en el nivel con n = 2 será de 3.4 eV, es decir, cuatro veces inferior a la energía correspondiente al electrón del nivel n = 1.

Apartado c

Esta afirmación es VERDADERA. La energía de la radiación emitida por el átomo en este proceso es equivalente a la diferencia de energía existente entre el estado inicial (más energético) y el estado final (menos energético), por lo que durante el proceso de emisión de radiación el electrón ha perdido parte de su energía inicial.

Ejercicio 10. Un electrón de un átomo de hidrógeno salta desde el estado excitado de un nivel de energía de número cuántico principal n = 3 a otro de n = 1. Calcula:

a) La energía y la frecuencia de la radiación emitida, expresadas en kJ/mol y en Hz, respectivamente.

b) Si la energía de la transición incide sobre un átomo de rubidio y se arranca un electrón que sale con una velocidad de 1670 km/s, calcula la energía de ionización del rubidio.

SOLUCION:

Apartado a

Aplicando la ecuación de Rydberg:

$$\frac{1}{\lambda} = R_H * \left(\frac{1}{n_1^2} - \frac{1}{n_2^2} \right)$$

Y sustituyendo $R_H = 10^7$ m^{-1}, $n_1 = 1$ y $n_2 = 3$, obtenemos que la longitud de onda asociada al salto energético de un electrón desde el nivel de energía de número cuántico principal n = 3 hasta uno de número cuántico principal n = 1 en el átomo de hidrógeno es:

$$\frac{1}{\lambda} = 10^7 * \left(\frac{1}{1^2} - \frac{1}{3^2}\right) = 8.889 * 10^6$$

De donde λ = 112.5 nm.

Aplicando la ecuación de Planck, obtenemos que la energía asociada a dicha transición electrónica es:

$$E = h * \frac{c}{\lambda} = 6.626 * 10^{-34} * \frac{3 * 10^8}{1.125 * 10^{-7}} = 1.767 * 10^{-18} J$$

Si convertimos dicha energía en kJ/mol:

$$E = 1.767 * 10^{-18} \frac{J}{atomo} * 6.022 * 10^{23} \frac{atomos}{mol} * 10^{-3} \frac{kJ}{J} = 1064 \ kJ/mol$$

Por otro lado, considerando la relación existente entre la frecuencia y la longitud de onda, la frecuencia de la radiación asociada a dicha transición sería:

$$\upsilon = \frac{c}{\lambda} = \frac{3 * 10^8}{1.125 * 10^{-7}} = 2.67 * 10^{15} Hz$$

Apartado b

Teniendo en cuenta que el electrón del átomo de rubidio sale despedido a una velocidad de 1670 km/s, podemos calcular su energía cinética como:

$$Ec \ (electron) = \frac{1}{2} * m * V^2$$

Donde m representa la masa del electrón ($9.1 * 10^{-31}$ kg) y V es su velocidad en m/s (1670000). Sustituyendo,

$$Ec \ (electron) = \frac{1}{2} * 9.1 * 10^{-31} * \left(1.67 * 10^6\right)^2 = 1.269 * 10^{-18} J$$

Por lo tanto, la energía de ionización del electrón de rubidio será:

$$E \ (ionizacion) = E(radiacion) - Ec(electron)$$

$$E \ (ionizacion) = 1.767 * 10^{-18} - 1.269 * 10^{-18} = 4.98 * 10^{-19} J$$

Que equivale a una energía de ionización de 2.54 eV.

Ejercicio 11. Para el conjunto de números cuánticos que aparecen en los siguientes apartados, explica si pueden corresponder o no a un orbital atómico y, en los casos afirmativos, indica de qué orbital se trata.

a) $n = 5, l = 2, m = 2$
b) $n = 1, l = 0, m = -1/2$
c) $n = 2, l = -1, m = 1$
d) $n = 3, l = 1, m = 0$

SOLUCION:

Apartado a

Los tres números cuánticos facilitados SI pueden corresponder a los números cuánticos de un orbital atómico pues cumplen:

- Que el valor del número cuántico principal (n = 5) es un número natural
- Que el valor del número cuántico azimutal (l = 2) es un número natural inferior a n
- Que el número cuántico magnético (m = 2) está comprendido entre -2 y +2 tomando en cuenta que el valor del número azimutal es de 2.

El orbital correspondiente a estos números cuánticos es del tipo 5d.

Apartado b

Los tres números cuánticos facilitados NO pueden corresponder a ningún orbital atómico pues, si bien cumplen los dos primeros requisitos, el valor del número cuántico magnético (m = -1/2) es imposible, ya que debería ser un número entero comprendido entre + 1 y – 1. Considerando que, en este caso, l = 0, m solo podría tomar el valor de 0.

Apartado c

Los tres números cuánticos facilitados NO pueden corresponder a ningún orbital atómico pues el valor del número cuántico azimutal (l) debe estar siempre comprendido entre 0 y n – 1, por lo que no puede tomar un valor negativo como sugerido.

Apartado d

Los tres números cuánticos facilitados SI pueden corresponder a los números cuánticos de un orbital atómico pues cumplen:

- Que el valor del número cuántico principal (n = 3) es un número natural
- Que el valor del número cuántico azimutal (l = 1) es un número natural inferior a n
- Que el número cuántico magnético (m = 0) está comprendido entre -1 y +1 tomando en cuenta que el valor del número azimutal es de 1.

El orbital correspondiente a estos números cuánticos es del tipo 3p.

Ejercicio 12. Razona cuáles de las siguientes configuraciones electrónicas no cumplen el principio de exclusión de Pauli:

a) $1s^2\ 2s^2\ 2p^7$
b) $1s^2\ 2s^3$
c) $1s^2\ 2s^2\ 2p^6\ 4s^2\ 3d^5$
d) $1s^2\ 2s^2\ 2p^6\ 3s^2$

SOLUCION:

Apartado a

La configuración electrónica facilitada NO cumple el principio de exclusión de Pauli debido a que no puede haber 7 electrones en un orbital p como sugerido, ya que el valor del número cuántico azimutal correspondiente al orbital p es de 1. Las seis únicas combinaciones posibles de esos seis electrones serían las que aparecen recogidas en la siguiente tabla:

n	l	m	s
2	1	-1	-1/2
2	1	-1	1/2
2	1	0	-1/2
2	1	0	1/2
2	1	1	-1/2
2	1	1	1/2

Apartado b

La configuración electrónica facilitada NO cumple el principio de exclusión de Pauli debido a que no puede haber 3 electrones en un orbital s como sugerido, ya que el valor del número cuántico azimutal correspondiente al orbital s es de 0. Las dos únicas combinaciones posibles de esos dos electrones serían las que aparecen recogidas en la siguiente tabla:

n	l	m	s
2	0	0	-1/2
2	0	0	1/2

Apartado c

La configuración electrónica facilitada SI cumple el principio de exclusión de Pauli debido a que ningún orbital supera el número máximo de electrones permitido (2 en los orbitales s, 6 en los orbitales p y 10 en los orbitales d). No obstante, no se trata de una configuración electrónica fundamental puesto que no respeta el principio de mínima

61

energía que resulta de aplicar el diagrama de orbitales de Moeller.

Apartado d

La configuración electrónica facilitada SI cumple el principio de exclusión de Pauli debido a que ningún orbital supera el número máximo de electrones permitido (2 en los orbitales s y 6 en los orbitales p). Se trata, así mismo, de una configuración electrónica fundamental puesto que respeta el principio de mínima energía que resulta de aplicar el diagrama de orbitales de Moeller.

Ejercicio 13. Se tienen los elementos de números atómicos 12, 17 y 18. Para cada uno de ellos, indica razonadamente:

a) Su configuración electrónica
b) Los números cuánticos del electrón diferenciador

SOLUCION:

Apartado a

Siguiendo los pasos detallados en la introducción teórica, podemos concluir que la configuración electrónica de un elemento con número atómico 12 (y por lo tanto, con 12 electrones) es la resultante de:

- Colocar 2 electrones en el orbital 1s
- Colocar 2 electrones en el orbital 2s
- Colocar 6 electrones en el orbital 2p
- Colocar 2 electrones en el orbital 3s

Por lo tanto, su configuración electrónica sería $1s^2 \, 2s^2 \, 2p^6 \, 3s^2$.

De igual modo, para el elemento de número atómico 17 y que, por lo tanto, presenta 17 electrones:

- Colocar 2 electrones en el orbital 1s
- Colocar 2 electrones en el orbital 2s
- Colocar 6 electrones en el orbital 2p
- Colocar 2 electrones en el orbital 3s
- Colocar 5 electrones en el orbital 3p

Por lo tanto, su configuración electrónica sería $1s^2 \, 2s^2 \, 2p^6 \, 3s^2 \, 3p^5$.

Y para el elemento de número atómico 18:

- Colocar 2 electrones en el orbital 1s
- Colocar 2 electrones en el orbital 2s
- Colocar 6 electrones en el orbital 2p
- Colocar 2 electrones en el orbital 3s
- Colocar 6 electrones en el orbital 3p

Por lo tanto, su configuración electrónica sería $1s^2 \, 2s^2 \, 2p^6 \, 3s^2 \, 3p^6$.

Apartado b

Como se mostraba en el apartado anterior, el último electrón se situaba en el orbital 3s en el caso del elemento de número atómico 12 y en el orbital 3p en los casos de los elementos de número atómico 17 y 18. Por consiguiente, los números cuánticos del electrón diferenciador serán:

63

- Para el elemento con número atómico 12, las combinaciones:

n	l	m	s
3	0	0	-1/2
3	0	0	1/2

- Para los elementos con números atómicos 17 y 18, las combinaciones:

n	l	m	s
3	1	-1	-1/2
3	1	-1	1/2
3	1	0	-1/2
3	1	0	1/2
3	1	1	-1/2
3	1	1	1/2

Ejercicio 14. Justifica si es cierto o falso que los números (3, 1, 1, +1/2) corresponden a un electrón de la configuración fundamental del átomo de ^{12}C.

SOLUCION:

Esta afirmación es FALSA. Siguiendo los pasos detallados en la introducción teórica, podemos concluir que la configuración electrónica fundamental del átomo de carbono, con número atómico 6 (y por lo tanto, con 6 electrones) es la resultante de:

- Colocar 2 electrones en el orbital 1s
- Colocar 2 electrones en el orbital 2s
- Colocar 2 electrones en el orbital 2p

Por lo tanto, su configuración electrónica fundamental sería $1s^2$ $2s^2$ $2p^2$ y no podría presentar n = 3 como número cuántico principal.

Ejercicio 15. Considera los elementos siguientes: $_{22}$Ti, $_{25}$Mn, $_{28}$Ni y $_{30}$Zn.

a) Escribe su configuración electrónica
b) Justifica su comportamiento paramagnético o diamagnético

SOLUCION:

Apartado a

Siguiendo los pasos detallados en la introducción teórica, podemos concluir que la configuración electrónica fundamental del átomo de titanio, con número atómico 22 (y por lo tanto, con 22 electrones) es la resultante de:

- Colocar 2 electrones en el orbital 1s
- Colocar 2 electrones en el orbital 2s
- Colocar 6 electrones en el orbital 2p
- Colocar 2 electrones en el orbital 3s
- Colocar 6 electrones en el orbital 3p
- Colocar 2 electrones en el orbital 4s
- Colocar 2 electrones en el orbital 3d

Por lo tanto, su configuración electrónica fundamental sería $1s^2$ $2s^2$ $2p^6$ $3s^2$ $3p^6$ $4s^2$ $3d^2$.

De igual manera, para calcular la configuración electrónica del átomo de manganeso, con número atómico $Z = 25$ y 25 electrones, debemos:

- Colocar 2 electrones en el orbital 1s
- Colocar 2 electrones en el orbital 2s
- Colocar 6 electrones en el orbital 2p
- Colocar 2 electrones en el orbital 3s
- Colocar 6 electrones en el orbital 3p
- Colocar 2 electrones en el orbital 4s
- Colocar 5 electrones en el orbital 3d

Por lo tanto, su configuración electrónica fundamental sería $1s^2 2s^2 2p^6 3s^2 3p^6 4s^2 3d^5$.

En el caso del níquel, con número atómico $Z = 28$ y 28 electrones, debemos:

- Colocar 2 electrones en el orbital 1s
- Colocar 2 electrones en el orbital 2s
- Colocar 6 electrones en el orbital 2p
- Colocar 2 electrones en el orbital 3s
- Colocar 6 electrones en el orbital 3p
- Colocar 2 electrones en el orbital 4s
- Colocar 8 electrones en el orbital 3d

Por lo tanto, su configuración electrónica fundamental sería $1s^2 2s^2 2p^6 3s^2 3p^6 4s^2 3d^8$.

Por último, para el zinc, con número atómico $Z = 30$ y 30 electrones, debemos:

- Colocar 2 electrones en el orbital 1s
- Colocar 2 electrones en el orbital 2s

- Colocar 6 electrones en el orbital 2p
- Colocar 2 electrones en el orbital 3s
- Colocar 6 electrones en el orbital 3p
- Colocar 2 electrones en el orbital 4s
- Colocar 10 electrones en el orbital 3d

Por lo tanto, su configuración electrónica fundamental sería $1s^2$ $2s^2$ $2p^6$ $3s^2$ $3p^6$ $4s^2$ $3d^{10}$.

Apartado b

Un elemento es paramagnético cuando tiene al menos un electrón desapareado y diamagnético cuando todos sus electrones están apareados. Aplicando el principio de exclusión de Pauli y el de máxima multiplicidad, obtenemos que el único elemento diamagnético sería el átomo de zinc, puesto que todos sus electrones del último orbital ocupado (3d) están apareados. Por el contrario, los elementos titanio, manganeso y níquel serían paramagnéticos al tener 2, 5 y 2 electrones desapareados, respectivamente, como se muestra a continuación:

- Configuración electrónica del orbital 3d en el átomo de Ti:

- Configuración electrónica del orbital 3d en el átomo de Mn:

- Configuración electrónica del orbital 3d en el átomo de Ni:

- Configuración electrónica del orbital 3d en el átomo de Zn:

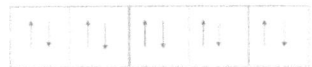

Ejercicio 16. El uranio es un elemento con Z = 92. En la naturaleza se encuentra mayoritariamente como ^{238}U, con una pequeña cantidad de ^{235}U que es el que se emplea en reactores nucleares.

a) Explica la diferencia entre las configuraciones electrónicas del ^{238}U y el ^{235}U
b) Calcula el número de neutrones de un núcleo de ^{235}U
c) Escribe la configuración electrónica del ^{235}U
d) Escribe los números cuánticos posibles para los electrones más externos del ^{235}U

SOLUCION:

Apartado a

Por tratarse del mismo elemento, tanto el ^{235}U como el ^{238}U tienen el mismo número atómico y, por lo tanto, el mismo número de electrones. Por consecuente, no habrá ninguna diferencia en su configuración electrónica, siendo la única diferencia entre ambos el número de neutrones en el núcleo.

Apartado b

Teniendo en cuenta que el ^{235}U tiene un número atómico de 92 y un número másico de 235, el número de neutrones en su núcleo será:

$$n = A - Z = 235 - 92 = 143$$

Apartado c

Siguiendo los pasos detallados en la introducción teórica, podemos concluir que la configuración electrónica fundamental del isótopo ^{235}U, con un número atómico de 92 (y por lo tanto, con 92 electrones) es la resultante de:

- Colocar 2 electrones en el orbital 1s
- Colocar 2 electrones en el orbital 2s
- Colocar 6 electrones en el orbital 2p
- Colocar 2 electrones en el orbital 3s
- Colocar 6 electrones en el orbital 3p
- Colocar 2 electrones en el orbital 4s
- Colocar 10 electrones en el orbital 3d
- Colocar 6 electrones en el orbital 4p
- Colocar 2 electrones en el orbital 5s
- Colocar 10 electrones en el orbital 4d
- Colocar 6 electrones en el orbital 5p
- Colocar 2 electrones en el orbital 6s
- Colocar 14 electrones en el orbital 4f
- Colocar 10 electrones en el orbital 5d

- Colocar 6 electrones en el orbital 6p
- Colocar 2 electrones en el orbital 7s
- Colocar 4 electrones en el orbital 5f

Por lo tanto, su configuración electrónica fundamental sería $1s^2$ $2s^2\ 2p^6\ 3s^2\ 3p^6\ 4s^2\ 3d^{10}\ 4p^6\ 5s^2\ 4d^{10}\ 5p^6\ 6s^2\ 4f^{14}\ 5d^{10}\ 6p^6\ 7s^2\ 5f^4$.

Apartado d

El apartado anterior muestra que los últimos electrones del uranio se colocaron en el orbital 5f. Los posibles números cuánticos para un electrón situado en dicho orbital serían:

n	l	m	s
5	3	-3	-1/2
5	3	-3	1/2
5	3	-2	-1/2
5	3	-2	1/2
5	3	-1	-1/2
5	3	-1	1/2
5	3	0	-1/2
5	3	0	1/2
5	3	1	-1/2
5	3	1	1/2
5	3	2	-1/2
5	3	2	1/2
5	3	3	-1/2
5	3	3	1/2

Ejercicio 17. Dadas las siguientes configuraciones electrónicas de los niveles de energía más externos, identifica el grupo de la tabla periódica al que pertenecen los siguientes elementos. Indica su símbolo, el número atómico y el periodo del primer elemento de dicho grupo.

a) $ns^2 np^4$
b) ns^2
c) $ns^2 np^1$
d) $ns^2 np^5$

SOLUCION:

Apartado a

Considerando la configuración del último electrón como p^4, podemos concluir que esta configuración electrónica corresponde al grupo 16, VIB o del oxígeno, al ser este el primer elemento de dicho grupo. El oxígeno se encuentra en el periodo 2 y tiene un número atómico de 8 y una configuración electrónica $1s^2 2s^2 2p^4$.

Apartado b

Considerando la configuración del último electrón como s^2, podemos concluir que esta configuración electrónica corresponde al grupo 2, IIA o de los metales alcalinos. El primer elemento de dicho grupo es el berilio, situado en el periodo 2, con número atómico de 4 y una configuración electrónica $1s^2 2s^2$.

Apartado c

Considerando la configuración del último electrón como p^1, podemos concluir que esta configuración electrónica corresponde al grupo 13, IIIB o del bismuto, al ser este el primer elemento de dicho grupo. El bismuto se encuentra en el periodo 2 y tiene un número atómico de 5 y una configuración electrónica $1s^2 \, 2s^2 \, 2p^1$.

Apartado d

Considerando la configuración del último electrón como p^5, podemos concluir que esta configuración electrónica corresponde al grupo 17, VIIB o de los halógenos. El primer elemento de dicho grupo, el flúor, se encuentra en el periodo 2 y tiene un número atómico de 9 y una configuración electrónica $1s^2 \, 2s^2 \, 2p^5$.

Ejercicio 18. Considera un elemento X del grupo de los alcalinotérreos y un elemento Y del grupo de los halógenos.

a) Si X e Y se encuentran en el mismo periodo, determina cuál tiene mayor radio atómico
b) Si X e Y se encuentran en el mismo periodo, determina cuál tiene mayor afinidad electrónica
c) Si X se encuentra en el periodo siguiente a Y, determina qué iones de ambos elementos tienen la misma configuración electrónica
d) Determina cuál de los dos iones del apartado anterior tiene mayor radio atómico

SOLUCION:

Apartado a

Considerando que X pertenece al grupo de los alcalinotérreos e Y al de los halógenos, X estará situado a la izquierda de Y en la tabla periódica. Dado que el radio atómico es mayor cuanto más a la izquierda estemos de la tabla periódica dentro de un mismo periodo, el radio atómico de X será superior al de Y.

Apartado b

Al contrario que en el caso anterior, la afinidad electrónica de los elementos aumenta al desplazarnos hacia la derecha dentro de un mismo periodo, pues los átomos necesitarán una menor energía para captar un electrón y, de este modo, alcanzar una configuración más estable. En consecuencia, si X e Y se encuentran en el mismo período siendo X un metal alcalinotérreo e Y un halógeno, Y tendrá una afinidad electrónica notablemente superior a X, puesto que captar dicho electrón le permitiría alcanzar una configuración s^2 p^6 y completar, de este modo, el orbital p.

Apartado c

Los iones más estables de los distintos elementos son aquellos cuya configuración electrónica es equiparable a la de un gas noble, esto es, su capa de valencia adquiere la configuración s2 p6.

Al tratarse de un metal alcalinotérreo, X deberá perder sus dos electrones del nivel s para alcanzar dicha configuración, por lo que formará un catión de carga +2 de acuerdo con la reacción química:

$$X \to X^{2+} + 2e^-$$

Por otro lado, al ser Y un halógeno, deberá adquirir un electrón para alcanzar dicha configuración, por lo que formará un anión de carga -1 de acuerdo con la reacción química:

$$Y + e^- \to Y^-$$

Puesto que X se encuentra en el periodo siguiente a Y y ambos iones, X^{2+} e Y^- tienen una configuración estable de gas

75

noble, estos iones serán isoelectrónicos. Es decir, tendrán el mismo número de electrones.

Apartado d

El ion X^{2+} tiene un exceso de dos protones comparados con el número de electrones, por lo que los atraerán con mayor fuerza, resultando en una menor distancia entre el núcleo y dichos electrones y, por consiguiente, un menor radio iónico que el del ion Y^-, donde hay un mayor número de electrones que de protones.

Ejercicio 19. Considera los elementos de números atómicos 9 y 11.

a) Identifícalos con nombre y símbolo y escribe sus configuraciones electrónicas
b) Justifica cuál tiene mayor segundo potencial de ionización
c) Justifica cuál es el más electronegativo

SOLUCION:

Apartado a

El elemento de número atómico $Z = 9$ tiene 9 electrones, por lo que su configuración electrónica será la resultante de:

- Colocar 2 electrones en el orbital 1s
- Colocar 2 electrones en el orbital 2s
- Colocar 5 electrones en el orbital 2p

Resultando $1s^2\ 2s^2\ 2p^5$. De acuerdo con dicha configuración, dicho elemento pertenece al segundo periodo y el grupo de los halógenos, por lo que es el átomo de flúor, de símbolo F.

El elemento de número atómico $Z = 10$ tiene 10 electrones, por lo que su configuración electrónica será la resultante de:

- Colocar 2 electrones en el orbital 1s
- Colocar 2 electrones en el orbital 2s
- Colocar 6 electrones en el orbital 2p

Resultando $1s^2\ 2s^2\ 2p^6$. De acuerdo con dicha configuración, dicho elemento pertenece al segundo periodo y el grupo de los gases nobles, por lo que es el átomo de neón, de símbolo Ne.

Por último, el elemento de número atómico $Z = 11$ tiene 11 electrones, por lo que su configuración electrónica será la resultante de:

- Colocar 2 electrones en el orbital 1s
- Colocar 2 electrones en el orbital 2s
- Colocar 6 electrones en el orbital 2p
- Colocar 1 electrón en el orbital 3s

Resultando $1s^2\ 2s^2\ 2p^6\ 3s^1$. De acuerdo con dicha configuración, dicho elemento pertenece al tercer periodo y el grupo de los metales alcalinos, por lo que es el átomo de sodio, de símbolo Na.

Apartado b

El potencial de ionización representa la energía que es necesario suministrar a un átomo para liberar un electrón. En el caso del segundo potencial de ionización, estamos liberando el segundo electrón de un ion de carga +1 para formar el ion correspondiente con carga +2 tal y como muestra la siguiente reacción:

$$A^+ \rightarrow A^{2+} + e^-$$

Por lo tanto, para evaluar cuál será el elemento con mayor segundo potencial de ionización debemos evaluar la estabilidad relativa de los iones resultantes, F^+, Ne^+ y Na^+. Si tomamos las configuraciones electrónicas descritas en el apartado a y eliminamos un electrón de cada una de ellas, vemos que el ion Na+ posee una configuración de gas noble, con la capa de valencia completa, tal y como se muestra a continuación. Por consiguiente, será este elemento, el de número atómico Z = 11, el que presente el mayor segundo potencial de ionización, puesto que, al ser tan estable, será muy difícil eliminar ese segundo electrón.

Z	Elemento	Configuración electrónica	Configuración electrónica del ion con carga +1
9	F	$1s^2\,2s^2\,2p^5$	$1s^2\,2s^2\,2p^4$
10	Ne	$1s^2\,2s^2\,2p^6$	$1s^2\,2s^2\,2p^5$
11	Na	$1s^2\,2s^2\,2p^6\,3s^1$	$1s^2\,2s^2\,2p^6$

Apartado c

La electronegatividad de un átomo mide la tendencia de dicho átomo de atraer hacia sí los electrones compartidos en un enlace covalente. La electronegatividad de los elementos en la tabla periódica aumenta al desplazarnos hacia la derecha (excluyendo el grupo de los gases nobles que, dado su carácter estable tendrían una electronegatividad nula) y hacia arriba en la tabla periódica.

Considerando la posición relativa de los tres elementos propuestos, F, Ne y Na, podemos concluir que el flúor será el que presente la mayor electronegatividad, siendo el único con tendencia a atraer electrones ya sea en un enlace iónico (por la formación del anión correspondiente para completar el orbital p) o en un enlace covalente. De hecho, el flúor es el elemento más electronegativo del sistema periódico.

Ejercicio 20. La primera y segunda energía de ionización para el átomo A, cuya configuración electrónica es $1s^2\, 2s^1$ son 520 y 7300 kJ/mol, respectivamente.

a) Indica qué elemento es el elemento A, así como el grupo y el periodo a los que pertenece

b) Define el término energía de ionización. Justifica la gran diferencia existente entre los valores de la primera y segunda energía de ionización del átomo A.

c) Ordena las especies A, A^+ y A^{2+} de mayor a menor tamaño. Justifica la respuesta

d) Indica qué elemento presenta la misma configuración electrónica que la especie iónica A^+.

SOLUCION:

Apartado a

De acuerdo con la configuración electrónica facilitada para el elemento A ($1s^2\, 2s^1$), dicho elemento pertenece al segundo periodo y el grupo de los metales alcalinos, por lo que es el átomo de litio, de símbolo Li.

Apartado b

Podemos definir la energía de ionización como la energía que es necesario suministrar a un átomo de un elemento dado para arrancar un electrón de su capa de valencia, formando con ello el correspondiente catión. En el caso del litio, la reacción implicada en la primera ionización sería:

$Li \rightarrow Li^+ + e^-$

De manera equivalente, la segunda energía de ionización sería la energía necesaria para arrancar un segundo electrón de la capa de valencia de un ion de carga +1. Para el litio, la reacción de la segunda ionización sería:

$Li^+ \rightarrow Li^{2+} + e^-$

Si consideramos la configuración electrónica del átomo de litio proporcionada, la configuración electrónica de los resultantes iones tras la primera ionización, Li^+, y la segunda ionización, Li^{2+}, sería la que aparece reflejada en la siguiente tabla.

Li	Li^+	Li^{2+}
$1s^2\, 2s^1$	$1s^2$	$1s^1$

Analizando dichas configuraciones electrónicas, podemos observar que durante la primera ionización estamos estabilizando el átomo de litio, pues el ion resultante, Li^+, tiene una configuración de gas noble. Por el contrario, en la segunda ionización para formar el ion Li^{2+} al arrancar el segundo electrón estaríamos desestabilizando el ion Li^+ al perder dicha configuración de gas noble y quedar con tan solo 1 electrón, de modo que la energía necesaria para dicho paso es notablemente superior a la necesaria en la primera ionización.

Apartado c

80

Al tratarse de iones de un mismo elemento, el litio, las tres especies, Li, Li+ y Li2+ tendrán el mismo número de protones (3) en su núcleo atómico. No obstante, y como se ha descrito en el apartado anterior, el Li tiene 3 electrones, el Li+ tiene 2 electrones y el Li2+ tiene 1 electrón. A medida que disminuye el número de electrones por las sucesivas ionizaciones, los electrones restantes experimentan una mayor atracción por parte de los protones del núcleo, por lo que la distancia entre ambos disminuye resultando en un menor radio. Como resultado, podemos ordenar las especies de mayor a menor tamaño como:

$$Li > Li^+ > Li^{2+}$$

Apartado d

Como se aprecia de la configuración electrónica mostrada en el apartado b, el ion Li^+ tiene un total de 2 electrones. Por consiguiente, el elemento neutro que presenta una configuración electrónica equivalente a la del ion Li^+ será el de número atómico $Z = 2$, es decir, el átomo de helio, de símbolo He.

Ejercicios para practicar...

1. Responda a las siguientes cuestiones:
   a) Para las moléculas BCl_3 y NCl_3, indique la hibridación del átomo central y su geometría y justifique su polaridad
   b) Explique los conceptos de sustancias moleculares y sólidos covalentes describiendo los tipos de enlaces y fuerzas intermoleculares que intervienen
   c) Justifique si el bromo tiene mayor punto de fusión que el bromuro de potasio

2. Responda a las siguientes cuestiones:
   a) Para el átomo de hidrógeno, calcule la energía del electrón en la segunda órbita según el modelo atómico de Bohr y justifique el significado del signo
   b) Haciendo uso de los números cuánticos, obtenga razonadamente el número máximo de subniveles, orbitales y electrones que hay en el tercer nivel energético de un átomo
   c) Escriba la configuración electrónica en el estado fundamental del elemento A (Z = 29) y de su ion más estable

Dato: $R_H = 2.18 * 10^{-18}$ J

3. Considere los elementos A (Z = 11), B (Z = 15) y C (Z = 17).
   a) Escriba la configuración electrónica de cada elemento
   b) Identifíquelos con su nombre, símbolo, grupo y periodo

c) Justifique cuál es el elemento que tiene menor energía de ionización

d) Formule y nombre un compuesto binario formado por los elementos B y C en su menor estado de oxidación e indique el tipo de enlace que presenta

4. Para cada una de las siguientes moléculas: BCl_3, BeF_2 y PH_3,
   a) Dibuje su estructura de Lewis
   b) Indique su geometría según la teoría de repulsión de pares de electrones de la capa de valencia
   c) Indique la hibridación del átomo central
   d) Justifique su polaridad

5. Considere los elementos cuyas configuraciones electrónicas son A: $1s^2\ 2s^2\ 2p^4$; B: $1s^2\ 2s^2$; C: $1s^2\ 2s^2\ 2p^6\ 3s^2\ 3p^2$; D: $1s^2\ 2s^2\ 2p^6\ 3s^2\ 3p^5$.
   a) Identifique el nombre y símbolo de cada elemento e indique el grupo y periodo a los que pertenece
   b) Para los elementos A y B, justifique cuál de ellos tiene mayor radio atómico
   c) Indique el estado o estados de oxidación más probable(s) de cada elemento
   d) Justifique qué elemento, C o D, tiene mayor energía de ionización

6. Considere las moléculas de BF_3 y NH_3,
   a) Escriba la estructura de Lewis
   b) Indique su geometría molecular utilizando la teoría de repulsión de pares de electrones de la capa de valencia
   c) Indique cuál es la hibridación del átomo central en cada una de ellas
   d) Explique la polaridad de ambas moléculas

7. Considere los elementos X (Z = 9), Y (Z = 12) y Z (Z = 16)
   a) Escriba su configuración electrónica e indique el número de electrones de la capa de valencia
   b) Identifíquelos con su nombre y símbolo. Determine el grupo y periodo de cada elemento e indique si se trata de un metal o de un no metal
   c) Para cada uno de los elementos, justifique cuál será su ion más estable
   d) Formule el compuesto binario formado por los elementos X e Y. Nómbrelo e indique qué tipo de enlace presenta

8. Dados los siguientes compuestos: BCl_3, KI y NH_3,
   a) Justifique el tipo de enlace intramolecular presente en cada uno de ellos
   b) Explique si conducen la corriente eléctrica a temperatura ambiente
   c) Dibuje las estructuras de Lewis de aquellos que sean covalentes e indique su geometría molecular
   d) Justifique si alguno de ellos puede formar enlaces de hidrógeno

9. Considere las sustancias Cl_2, NH_3, Mg y NaBr
   a) Justifique el tipo de enlace presente en cada una de ellas
   b) Explique si conducen la corriente eléctrica a temperatura ambiente
   c) Escriba las estructuras de Lewis de aquellas que sean covalentes
   d) Justifique si NH_3 puede formar puentes de hidrógeno

10. Considere las configuraciones electrónicas de tres elementos
A: $1s^2\ 2s^2\ 2p^6\ 3s^2\ 3p^4$; B: $1s^2\ 2s^2\ 2p^6\ 3s^2\ 3p^5$; C: $1s^2\ 2s^2\ 2p^6$ $3s^1$,

   a) Indique para cada elemento el grupo, el periodo, el nombre y el símbolo
   b) Defina primera energía de ionización y justifique en cuál de los tres elementos es menor
   c) En el espectro de emisión del átomo de hidrógeno hay una línea situada en la zona visible cuya energía asociada es de 291.87 kJ/mol. Calcule a qué transición corresponde

Datos: $h = 6.626*10^{-34}$ J*s, $N_A = 6.022*10^{23}$ mol^{-1}, RH = $2.180*10^{-18}$ J, RH = $1.097*10^7$ m^{-1}, c = $3*10^8$ m/s

11. Considere las sustancias I_2, Cu y CaO y conteste razonadamente:
   a) ¿Qué tipo de enlace presenta cada una de ellas?
   b) ¿Cuál tiene menor punto de fusión?
   c) ¿Cuál conduce la electricidad cuando está fundido pero es aislante en estado sólido?
   d) ¿Cuál es soluble en agua y cuál no es soluble?

12. Considere los cuatro elementos con la siguiente configuración electrónica en los niveles más externos A: $2s^2$ $2p^4$; B: $2s^2$; C: $3s^2\ 3p^2$; D: $3s^2\ 3p^5$
   a) Identifique los cuatro elementos con nombre y símbolo. Indique grupo y periodo al que pertenecen
   b) Indique un catión y un anión que sean isoelectrónicos con A^{2-}
   c) Justifique si la segunda energía de ionización para el elemento A es superior o inferior a la primera
   d) En el espectro del átomo de hidrógeno hay una línea situada a 434 nm. Calcule ΔE, en kJ/mol, para la transición asociada a esa línea:

Datos: $h = 6.626 * 10^{-34}$ J*s, $N_A = 6.022*10^{23}$ mol^{-1}, $c = 3.00*10^8$ m/s

13. Considere los elementos A (Z = 9) y B (Z = 13)
   a) Escriba la configuración electrónica de cada uno
   b) Identifique el nombre, símbolo, grupo y periodo de cada elemento
   c) Justifique cuál es el elemento de menor energía de ionización
   d) Formule el compuesto binario formado por los elementos A y B. Nómbrelo e indique el tipo de enlace que presenta

14. Dadas las siguientes especies: Fe, BH_3, $CHCl_3$ y MgF_2
   a) Justifique qué tipo de enlace presenta cada una de ellas
   b) Indique cuáles conducirán la corriente en estado sólido y cuáles lo harán en estado fundido
   c) Para las especies covalentes, indique y represente la geometría molecular. Diga la hibridación del átomo central y justifique la polaridad de la molécula.

15. Dados los elementos A (Z = 17), B (Z = 35), C (Z = 19) y D (Z = 11)
   a) Escriba la configuración electrónica de cada uno de ellos
   b) Justifique cuáles se encuentran en el mismo periodo
   c) Razone si el elemento D presenta mayor afinidad electrónica que el elemento A.

16. Responda a las siguientes cuestiones:
   a) Justifique si la molécula NH_3 es polar utilizando la teoría de hibridación y su geometría

b) Explique si los siguientes compuestos presentan enlace de hidrógeno: H_2O, CH_4 y HCl

c) Justifique por qué el bromuro de sodio tiene un punto de fusión menor que el cloruro de sodio

17. Considere la configuración electrónica $1s^2\ 2s^2\ 2p^6$

    a) Si perteneciese a un átomo neutro, identifíquelo indicando grupo, periodo, símbolo y nombre

    b) Justifique qué dos cationes, uno con carga +1 y otro con carga +2 la presentan. Identifíquelos con nombre y símbolo

    c) Justifique qué dos aniones, uno con carga -1 y otro con carga -2 la presentan. Identifíquelos con nombre y símbolo

18. Considere los siguientes compuestos de carbono: CH_4, CCl_4, CO_2

    a) ¿En cuáles tiene el C hibridación sp^3? Indique la geometría molecular para dichos compuestos

    b) ¿Cuáles tienen geometría lineal? Justifique la respuesta

    c) ¿Cuáles son apolares? Justifique la respuesta

19. Considere los elementos aluminio y magnesio

    a) Escriba la configuración electrónica de cada elemento

    b) Justifique qué elemento presenta mayor radio atómico

    c) Explique si la segunda energía de ionización del aluminio es mayor, igual o menor que la primera

    d) Sabiendo que a primera energía de ionización del magnesio es 738.1 kJ/mol, razone si es posible ionizar un mol de átomos de magnesio gaseosos con una energía de 500 kJ.

20. Para las moléculas H_2O y PF_3

a) Justifique el número de pares de electrones enlazantes y los pares libres del átomo central
b) Indique la hibridación que presenta el átomo central y su geometría
c) Explique su polaridad
d) Indique el tipo de fuerzas intermoleculares

21. Considere los elementos A (Z = 12) y B (Z = 17)
    a) Escriba sus configuraciones electrónicas e identifique cada elemento con nombre y símbolo
    b) Indique el símbolo y la configuración electrónica del ion más estable que forma cada uno de ellos. Justifique la respuesta
    c) Determine la fórmula del compuesto formado por la combinación de A y B y justifique el tipo de enlace
    d) Justifique qué valor de la primera energía de ionización, 7.64 eV o 12.97 eV, corresponde a cada elemento

22. Conteste las siguientes cuestiones
    a) ¿Cuál de los siguientes compuestos es más polar: NaCl o ClF? Justifique la respuesta
    b) ¿Cuál de las siguientes moléculas tiene geometría trigonal plana: NH_3 o BF_3?
    c) Justifique cuál de los siguientes compuestos es insoluble en agua: CsBr o CCl_4.
    d) Justifique cuál de los siguientes compuestos presenta una mayor temperatura de fusión: Cl_2 o I_2.

23. Considere los átomos A (Z = 11), B (Z = 14) y C (Z = 17) y responda las siguientes preguntas:
    a) Para cada uno de ellos, escriba la configuración electrónica, especifique el grupo y periodo del

sistema periódico al que pertenece e identifique con nombre y símbolo cada elemento

b) Ordene los elementos en orden creciente de su afinidad electrónica. Razone la respuesta

c) Formule los compuestos formados al unirse: n átomos de A, C on C y A con C. Indique el tipo de enlace formado en cada caso.

d) ¿Por qué los átomos presentan espectros de líneas y no continuos?

24. Para las moléculas BCl_3 y PCl_3,

a) Justifique el número de pares de electrones enlazantes y de pares libres del átomo central

b) Indique su geometría molecular y la hibridación que presenta el átomo central

c) Explique su polaridad

d) Indique las fuerzas intermoleculares que presentan

25. Un elemento químico posee una configuración electrónica $1s^2\ 2s^2\ 2p^6\ 3s^2\ 3p^6\ 4s^2\ 3d^6$. Justifique si son verdaderas o falsas las siguientes afirmaciones:

a) Pertenece al grupo 17 del sistema periódico

b) Se encuentra situado en el tercer periodo

c) Conduce la electricidad en estado sólido

d) Los números cuánticos (3, 1, -2, +1/2) corresponden a un electrón de este elemento

26. Considere los elementos Mg y Cl

a) Escriba la configuración electrónica de Mg^{2+} y Cl^-

b) Indique los números cuánticos del electrón más externo del Mg

c) Ordene los elementos por orden creciente de tamaño y justifique la respuesta

d) Ordene los elementos por orden creciente de primera energía de ionización y justifique la respuesta

27. Considere los elementos A (un halógeno cuyo anión contiene 18 electrones), B (un metal alcalinotérreo del tercer periodo) y C (un elemento del grupo 16 que contiene 16 electrones)
    a) Identifique los elementos A, B y C con su nombre y símbolo y escriba la configuración electrónica de cada uno de ellos en su estado fundamental
    b) Justifique si las siguientes afirmaciones son verdaderas o falsas:
       1. El elemento C es el que presenta un mayor energía de ionización
       2. El elemento con mayor radio atómico es el B

28. Considere las moléculas $NaBr$, NH_3, CH_4 y HCl
    a) Justifique, mediante el tipo de enlace y las distintas fuerzas intermoleculares presentes, qué punto de ebullición corresponde a cada molécula: -33.3°C, -85.1°C, 1396°C y -161.6°C
    b) Indique la hibridación del átomo central y la geometría de las moléculas NH_3 y CH_4

29. Responda a las siguientes cuestiones:
    a) Considere los elementos A ($1s^2 2s^2 2p^6 3s^2$), B ($1s^2 2s^2 2p^2$) y C ($1s^2 2s^2 2p^6 3s^2 3p^4$). Identifique cada elemento y especifique el grupo y el periodo al que pertenece
    b) Considere los elementos D ($1s^2 2s^1$) y E ($1s^2 2s^2 2p^6$). La primera energía de ionización de cada uno de ellos es 2080.7 kJ/mol y 520.2 kJ/mol. Justifique

91

qué valor de la energía de ionización corresponde a cada uno

c) ¿Cuántos electrones desapareados existen en los átomos de Na, N y Ne?

30. Considere las moléculas de NCl3 y AlCl3
    a) Dibuje sus estructuras de Lewis
    b) Justifique las fuerzas intermoleculares presentes en el compuesto que forma cada molécula
    c) Indique la hibridación y el número de pares de electrones enlazantes y libres del átomo central de cada una de ellas

31. Considere los siguientes elementos: A (nitrogenoide del periodo 3), B (Z = 11), C (subnivel 3p con solo dos electrones) y D (periodo 2, grupo 15)
    a) Identifique cada elemento con su nombre y símbolo
    b) Determine la configuración electrónica de cada elemento
    c) Justifique si la segunda energía de ionización del elemento A es menor que la del B
    d) Formule un compuesto formado por los elementos A y B y razone si presenta la conductividad eléctrica en estado fundido.

32. Responda a las siguientes cuestiones:
    a) Para la molécula NF_3, indique la hibridación del átomo central, el número de orbitales híbridos y el número de electrones en cada orbital híbrido
    b) Justifique si la molécula de NF_3 es polar o apolar
    c) Explique la solubilidad del 2-propanol en agua en función de las fuerzas intermoleculares existentes

33. Considere los elementos con números atómicos $Z = 4$, $Z = 8$ y $Z = 13$.

    a) Escriba sus configuraciones electrónicas e identifíquelos con su nombre y su símbolo

    b) Razone para cada uno de los elementos cuál es su ion más estable

    c) Justifique si el ion más estable del elemento $Z = 4$ tendrá mayor o menor radio que el de su átomo

    d) Identifique el compuesto que se forma entre los elementos con $Z = 8$ y $Z = 13$, indicando su fórmula, nombre y tipo de enlace

34. Para cada una de las siguientes moléculas: BF_3 y CH_3Cl

    a) Dibuje su estructura de Lewis

    b) Justifique el número de pares de electrones enlazantes y el de pares libres del átomo central

    c) Dibuje e indique su geometría molecular aplicando el método de repulsión de pares de electrones de la capa de valencia

    d) Justifique su polaridad

35. Responda justificadamente a las siguientes preguntas:

    a) Para los átomos A ($Z = 7$) y B ($Z = 26$), escriba la configuración electrónica, indique el número de electrones desapareados y los orbitales en los que se encuentran

    b) Los iones K^+ y Cl^- tienen aproximadamente el mismo valor de sus radios iónicos, alrededor de 0.134 nm. Justifique si sus radios atómicos serán mayores, menores o iguales a 0.134 nm.

    c) Calcule la menor longitud de onda en nm de la radiación absorbida del espectro de hidrógeno

Dato: $R_H = 1.097*10^7$ m^{-1}

36. Para las moléculas NH_3 y CO_2:
   a) Justifique el número de pares de electrones enlazantes y los pares libres del átomo central
   b) Indique su geometría y la hibridación que presenta el átomo central
   c) Justifique las fuerzas intermoleculares que presentan
   d) Explique su polaridad

Si has llegado hasta aquí...

Si has llegado hasta aquí y has sido capaz de resolver los 36 ejercicios propuestos... ¡Enhorabuena! Estás a un paso más para afrontar con tranquilidad al menos una quinta parte del examen de Evaluación de Bachillerato de Química. Te animo a seguir con los restantes libros para dominar el resto de los temas y afrontar el examen con la tranquilidad de que sacarás una buena nota que te permitirá acceder a la carrera de tus sueños.

Si te surgieron dudas a la hora de resolver alguno de los ejercicios, puedes concertar las clases que necesites conmigo y con gusto te ayudaré a resolverlas. ¡Consigue un descuento especial copiando el siguiente enlace en tu navegador de internet favorito!

https://www.classgap.com/es/tutor/carmen-135566